水利工程项目管理

王海红　刘慧琴　陶海鸿
桑　华　王瑞君　刘伟莉　编

黄河水利出版社
·郑州·

内 容 提 要

本书根据我国近年来制定的有关水利水电工程建设的法律、法规等，结合水利工程建设实践，全面介绍了水利工程建设管理过程中主要参建各方需要掌握和了解的管理知识。其主要内容包括：水利工程项目管理知识、施工成本控制、施工进度控制、质量控制、环境管理、合同管理、信息管理等。

本书可供从事水利水电工程建设与管理的工程技术人员学习参考。

图书在版编目(CIP)数据

水利工程项目管理/王海红等编. —郑州：黄河水利出版社，2013. 12

ISBN 978 - 7 - 5509 - 0693 - 8

Ⅰ. ①水… Ⅱ. ①王… Ⅲ. ①水利工程管理 - 项目管理 Ⅳ. ①TV512

中国版本图书馆 CIP 数据核字(2013)第 318561 号

策划编辑：王路平 电话：0371 - 66022212 E - mail：hhslwlp@126. com

出 版 社：黄河水利出版社

地址：河南省郑州市顺河路黄委会综合楼 14 层 邮政编码：450003

发行单位：黄河水利出版社

发行部电话：0371 - 66026940、66020550、66028024、66022620(传真)

E-mail：hhslcbs@126. com

承印单位：河南新华印刷集团有限公司

开本：787 mm × 1 092 mm 1/16

印张：11

字数：250 千字 印数：1—1 000

版次：2013 年 12 月第 1 版 印次：2013 年 12 月第 1 次印刷

定价：35. 00 元

前　言

水是大自然的重要组成物质，是生命的源泉，是人类生活和社会发展不可缺少的重要资源，也是生态环境中最活跃的要素。我国水资源受气候影响，在时间、空间上分布不均匀，不同地区之间、同一地区不同年份之间以及年内汛期和枯水期的水量相差很大，导致来水和用水之间不相适应的矛盾频频发生。国民经济各部门为了解决这一矛盾，实现水资源在时间、地区上的重新分配，做到蓄洪补枯、以丰补缺，消除水旱灾害，发展灌溉、发电、供水、航运、养殖、旅游和维持生态环境等事业，都需要因地制宜地修建蓄水、引水、提水或跨流域调水工程，以使水资源得到合理的开发、利用和保护。这决定了水利工程在国民经济中的基础地位和重要作用。水利工程作为人类文明史上最古老的工程项目之一，一直对人类社会做出了重要的贡献，水利工程具有规模大、风险强、复杂度高等特征，其建设的成功与否不仅对社会经济产生较大影响，对人们的生命财产也具有不可估量的影响作用。

新中国成立以来，在水利工程建设领域，积累了极为丰富的经验。其中，最重要的是借鉴国外先进的管理方法和经验，以项目法施工为突破口，推进企业管理体制改革，坚持项目法人制、项目经理责任制和项目成本核算制，以生产要素优化配置和动态管理为主要特征，形成了以工程项目管理为核心的新型经营管理机制。本书根据我国近年来制定的有关水利水电工程建设的法律、法规，结合现代项目管理的理念、方法和水利工程建设的实践，全面介绍了水利工程建设管理过程中主要参建各方需要掌握和了解的管理体系及建设程序。

本书由黄河水利委员会宁蒙水文水资源局王海红、刘慧琴、陶海鸿、王瑞君、刘伟莉和黄河水利委员会河南濮阳黄河河务局张庄闸管理处桑华编写完成。全书由王海红负责通稿。

本书编写时参考了大量国内外有关资料，在此一并表示感谢！

由于编者经验不足、专业水平有限，书中难免有错误和疏漏之处，敬请广大读者批评指正。

编　者

2013 年 9 月

目　录

绪 论

0.1 水利工程项目的建设程序

建设程序是指建设项目从设想、规划、评估、决策、设计、施工到竣工验收、投入生产整个建设过程中,各项工作必须遵循的先后次序的法则。这个法则是人们在长期的工程实践中总结出来的。它反映了建设工作所固有的客观规律和经济规律,是建设项目科学决策和顺利进行的重要保证。不遵循科学的建设程序,就会走弯路,使工程遭受重大损失,这在我国工程建设史上是有深刻教训的。

根据我国基本建设实践,水利水电工程的基本建设程序为:根据资源条件和国民经济长远发展规划,进行流域或河段规划,提出项目建议书;进行可行性研究和项目评估,编制可行性研究报告;可行性研究报告批准后,进行初步设计;初步设计经过审批,项目列入国家基本建设年度计划;进行施工准备和设备订货;开工报告批准后正式施工;建成后进行验收投产;生产运行一定时间后,对建设项目进行后评价。

水利水电工程基本建设程序的具体工作内容如下。

0.1.1 流域规划

流域规划就是根据该流域的水资源条件和国家长远计划,对该地区水利水电工程建设发展的要求,提出该流域水资源的梯级开发和综合利用的最优方案。对该流域的自然地理、经济状况等进行全面、系统的调查研究,初步确定流域内可能的建设位置,分析各个坝址的建设条件,拟订梯级布置方案、工程规模、工程效益等,进行多方案分析比较,选定合理梯级开发方案,并推荐近期开发的工程项目。

0.1.2 项目建议书

它是在流域规划的基础上,由主管部门提出建设项目的轮廓设想,从宏观上衡量分析项目建设的必要性和可能性,分析建设条件是否具备,是否值得投入资金和人力,进行可行性研究工作。

项目建议书编制一般由政府委托有相应资质的设计单位承担,并按国家现行规定权限向主管部门申报审批。项目建议书被批准后,由政府向社会公布,若有投资建设意向,则组建项目法人筹备机构,进行可行性研究工作。

0.1.3 可行性研究

可行性研究是项目能否成立的基础,这个阶段的成果是可行性研究报告。它是运用现代技术科学、经济科学和管理工程学等,对项目进行技术经济分析的综合性工作。其任务是研究兴建某个建设项目在技术上是否可行,经济效益是否显著;建设中要动用多少人力、物力和资金;建设工期多长,如何筹集建设资金等重大问题。因此,可行性研究是进行建设项目决策的主要依据。

水利水电工程项目的可行性研究是在流域(河段)规划的基础上,组织各方面的专家、学者对拟建项目的建设条件进行全方位、多方面的综合论证比较。例如,三峡工程就涉及许多部门和专业,甚至整个流域的生态环境、文物古迹、军事等学科。

可行性研究报告由项目主管部门委托工程咨询单位或组织专家进行评估,并综合行业归口部门、投资机构、项目法人等方面的意见进行审批。项目的可行性研究报告批准后,应正式成立项目法人,并按项目法人责任制实行项目管理。

0.1.4 初步设计

可行性研究报告批准后,项目法人应择优选择有相应资质的设计单位承担工程的勘测设计工作。

初步设计在可行性研究的基础上进行,其主要任务是确定工程规模;确定工程总体布置、主要建筑物的结构型式及布置;确定电站或泵站的机组机型、装机容量和布置;选定对外交通方案、施工导流方式、施工总进度和施工总布置、主要建筑物施工方法及主要施工设备、资源需用量及其来源;确定水库淹没、工程占地的范围,提出水库淹没处理、移民安置规划和投资概算;提出环境保护措施设计;编制初步设计概算;复核经济评价等。初步设计由项目法人组织审查后,按国家现行规定权限向上级主管部门申报审批。

0.1.5 施工准备阶段

项目在主体工程开工之前,必须完成各项施工准备工作,其主要内容包括:

(1)施工现场的征地、拆迁,施工用水、电、通信、道路的建设和场地平整等工程。

(2)必需的生产、生活临时建筑工程。

(3)组织招标设计、咨询、设备和物资采购等。

(4)组织建设监理和主体工程招标投标,并择优选择建设监理单位和施工承包商。

(5)进行技术设计,编制修正总概算和施工详图设计,编制设计预算。

施工准备工作开始前,项目法人或其代理机构,须依照有关规定,向行政主管部门办理报建手续,须同时交验工程建设项目的有关批准文件。工程项目进行项目报建后,方可组织施工准备工作。

0.1.6 建设实施阶段

建设实施阶段是指主体工程的建设实施,项目法人按照批准的建设文件,组织工程建设,保证项目建设目标的实现。

项目法人或其代理机构,必须按审批权限,向主管部门提出主体工程开工申请报告,经批准后,主体工程方可正式开工。主体工程开工须具备以下条件:

(1)前期工程各阶段文件已按规定批准,施工详图设计可以满足初期主体工程施工需要。

(2)建设项目已列入国家或地方水利水电工程建设投资年度计划,年度建设资金已落实。

(3)主体工程招标已经决标,工程承包合同已经签订,并得到主管部门同意。

(4)现场施工准备和征地移民等建设外部条件能够满足主体工程开工需要。

(5)建设管理模式已经确定,投资主体与项目主体的管理关系已经理顺。

(6)项目建设所需全部投资来源已经明确,且投资结构合理。

(7)项目产品的销售,已有用户承诺,并确定了定价原则。

0.1.7　生产准备阶段

生产准备是项目投产前所要进行的一项重要工作,是建设阶段转入生产经营的必要条件。项目法人应按照建管结合和项目法人责任制的要求,适时做好有关生产准备工作,其主要内容一般包括:

(1)生产组织准备。建立生产经营的管理机构及其相应管理制度。

(2)招收和培训人员。按照生产运营的要求,配备生产管理人员,并通过多种形式的培训,提高人员素质,使之能满足运营要求。

(3)生产技术准备。主要包括技术资料的汇总、运行技术方案的制订、岗位操作规程制定和新技术准备。

(4)生产物资准备。主要是落实投产运营所需要的原材料、协作产品、工器具、备品备件和其他协作配合条件的准备。

(5)正常的生活福利设施准备。

(6)及时具体落实产品销售合同协议的签订,以提高生产经营效益,为偿还债务和资产的保值增值创造条件。

0.1.8　竣工验收

竣工验收是工程完成建设目标的标志,是全面考核基本建设成果、检验设计和工程质量的重要步骤。当建设项目的建设内容全部完成,并经过单位工程验收,符合设计要求并按水利水电基本建设项目档案管理的有关规定,完成了档案资料的整理工作,在完成竣工报告、竣工决算等必需文件的编制后,项目法人按照有关规定,向验收主管部门提出申请,根据国家和部颁验收规程,组织验收。

竣工决算编制完成后,须由审计机关组织竣工审计,其审计报告作为竣工验收的基本资料。

对工程规模较大、技术较复杂的建设项目可先进行初步验收。不合格的工程不予验收;有遗留问题必须有具体处理意见,且有限期处理的明确要求并落实责任人。

0.1.9　后评价

建设项目竣工投产后,一般经过1~2年生产运营后要进行一次系统的项目后评价,主要内容包括:

(1)影响评价。项目投产后对各方面的影响所进行的评价。

(2)经济效益评价。对项目投资、国民经济效益、财务效益、技术进步和规模效益、可行性研究深度等方面进行的评价。

(3)过程评价。对项目立项、设计、施工、建设管理、竣工投产、生产运营等全过程进行的评价。

项目后评价工作一般按三个层次组织实施,即项目法人的自我评价、项目行业的评价、计划部门(或主要投资方)的评价。

建设项目后评价工作必须遵循客观、公正、科学的原则,做到分析合理、评价公正。

以上所述基本建设程序的九项内容,是我国对水利水电工程建设程序的基本要求,也基本反映了水利水电工程建设工作的全过程。

0.2 水利工程建设项目的管理体制

我国的项目建设管理体制与完全市场经济国家是不同的,完全市场经济国家大多数项目为私人投资,国家对建设项目的管理主要是对项目的“公共利益”的监督管理,而我国政府除对项目“公共利益”的监督管理外,对建设项目的经济效益、建设布局和对国民经济发展计划的适应性等,都要进行严格的审批。

0.2.1 项目

0.2.1.1 项目的含义

所谓项目,是指在一定的约束条件下具有专门组织和具有特定目标的一次性任务。项目的概念有广义与狭义之分。广义的项目概念泛指一切符合项目定义、具备项目特征的一次性事业,如工业生产项目、科研项目、教育项目、体育项目、工程项目等。

0.2.1.2 项目的特性

根据项目的内涵,其具有以下特性。

1. 非重现性(或一次性)

所谓非重现性(或一次性),是指就任务本身和最终成果而言,没有与这项任务完全相同的另一项任务。项目一般都有自己的目标、内容和生产过程,其结果只有一个,它不仅不可逆,而且不重复,这是项目区别于非项目活动的一个重要特征。项目一般都具备特定的开头、结尾和实施过程,即使是为了同样的目标实施的建设项目,项目在实施过程中设计的风格、实施人员甚至建筑材料等,都有与前一项目不同之处。所以,项目的非重现性决定了其不容易试产,风险很大,并具有一定的生命周期。只有认识项目的一次性,才能有针对性地根据项目的特殊情况和要求进行科学、有效的管理。

2. 目标性

任何项目都具有明确的目标,这是项目的又一个重要特征。项目目标性一般包括项目成果性目标和项目的约束性目标,成果性目标往往取决于项目法人所要达到的目的,比如增加新的固定资产及生产能力。约束性目标也称约束条件,即限定的时间、限定的人力物力资源投入、限定的技术水平要求。项目成果性目标和约束性目标是密不可分的,脱离了约束性目标,成果性目标就难以实现,因而约束性目标是成果性目标实现的前提。

项目目标按层次可分解为总目标、分目标、子目标等，前者以后者为手段，后者以前者为目标，这些相互间有机联系的目标，构成了项目的目标系统。

项目目标按时间可分为阶段性目标，各阶段既有明确的界限又相互密切联系，各阶段性目标共同服从和受控于总目标，又彼此相互影响和相互制约，并影响着总目标实现。

3. 独特性

项目的独特性是指项目所生成的产品或服务与其他产品或服务相比所具有的特殊性。

通常一个项目的产出物或实施过程，即项目所生成的产品或服务至少在一些关键特性上与其他的产品和服务是不同的。每个项目都有一些以前没有做过的、独特的内容。例如，我国已经建设了数万座不同等级的水库，但没有两座完全相同的水库。这些水库在某个或某些方面都有一定的独特性，包括不同的自然条件（气象、水文、地质、地理条件等）、不同的设计、不同的项目法人、不同的承包商、不同的施工方法和施工时间等。当然许多项目会有一些共性的东西，但是它们并不影响整个项目的独特性。

4. 时限性

项目的时限性是指每一个项目都有自己明确的时间起点和终点，都是有始有终的，是不能被重现的。起点是项目开始的时间，终点是项目的目标已经实现，或者项目的目标已经无法实现，从而中止项目的时间。无论项目持续时间的长短，都是有自己的生命周期的。当然，项目的生命周期与项目所创造出的产品或服务的全生命周期是不同的，多数项目本身相对是短暂的，而项目所创造的产品或服务是长期的。例如，三峡工程项目实施的时间是有限的，但工程投入运行后的有效时间可能经历几代人。树立一座纪念碑所用的时间是短暂的，但是这一项目所创造出的产出物（纪念碑），人们会期望其持续数个世纪。国际互联网项目研发的时间相对是短暂的，而该网络系统本身的寿命是相对长远的。任何项目都随着目标的实现而终结，决不会周而复始地持续下去的。

5. 制约性

项目的制约性是指每个项目都在一定程度上受到内在和外在条件的制约。项目只有在满足约束条件下获得成功才有意义。内在条件的制约主要是对项目质量、寿命和功能的约束（要求）。外在条件的制约主要是对于项目资源的约束，包括人力资源、财力资源、物力资源、时间资源、技术资源、信息资源等方面。项目的制约性是决定一个项目成功与失败的关键特性。

6. 不确定性

项目的不确定性主要是由项目的独特性造成的，因为一个项目的独特之处多数需要进行不同程度的创新，而创新就包括着各种不确定性；然后，项目的非重复性也是造成项目不确定性的原因，因为项目活动的非重复性使得人们没有改进工作的机会，所以使项目的不确定性增高；另外，项目的环境多数是开放的和相对变动较大的，这也是造成项目不确定性的主要原因之一。

7. 其他特性

例如，项目过程的渐进性、项目成果的不可挽回性、项目组织的临时性和开放性等。

0.2.2 项目管理

0.2.2.1 项目管理概念

管理是一种特殊的社会劳动,它是由社会分工、共同协作引起的,它与生产力的发展水平相适应,又受占统治地位的生产关系的制约和影响。所以,管理一方面具有与生产力、与社会化大生产相联系的自然属性;另一方面又具有与生产关系、社会制度相联系的社会属性。认识管理的自然属性,就要重视发挥管理对于合理组织生产力的作用,认真研究现代化、社会化生产的技术经济特点,掌握其规律。认识管理的社会属性,就要重视管理对促进和改革生产关系的要求,逐步建立适合我国生产建设和发展社会主义市场经济需要的、具有中国特色社会主义的生产建设管理体制和体系。

对于建设项目的参与方或管理者而言,所谓管理是指通过组织、计划、协调、控制等行动,将一定的人力、财力、物力资源充分加以运用,使之发挥最大的效果,以达到所规定或预期的目标。

项目管理是指系统地进行项目的计划、决策、组织、协调与控制的系统的管理活动。

0.2.2.2 项目管理的主要特征

项目管理与非项目管理活动相比,有以下主要特征。

1. 目标明确

项目管理的目标,就是在限定的时间、限定的资源和规定的质量标准范围内,高效率地实现项目法人规定的项目目标。项目管理的一切活动都要围绕这一目标进行。项目管理的好坏,主要看项目目标的实现程度。

2. 项目经理负责制

项目管理十分强调项目经理个人负责制,项目经理是项目成功的关键人物。项目法人为项目经理规定了要实现的项目目标,并委托其对目标的实施全权负责。有关的一切活动均需置于项目经理的组织与控制之下,以避免多头负责、相互扯皮、职责不清和效率低下。

3. 充分的授权保证系统

项目管理的成功必须以充分的授权为基础。对项目经理的授权,应与其承担责任相适应。特别是对于复杂的大型项目,协调难度很大,没有统一的责任者和相应的授权,势必难以协调配合,甚至导致项目失败。

4. 具有全面的项目管理职能

项目管理的基本职能是计划、组织、协调和控制。

(1)计划职能。是把项目活动全过程、全部目标都列入计划,通过统一的、动态的计划系统来组织、协调和控制整个项目,使项目协调有序地达到预期目标。

(2)组织职能。建立一个高效率的项目管理体系和组织保证系统,通过合理的职责划分、授权,利用各种规章制度以及合同的签订与实施,确保项目目标的实现。

(3)协调职能。是在项目存在的各种结合部或界面之间,对所有的活动及力量进行连接、联合、调和,以实现系统目标的活动。项目经理在协调各种关系特别是主要的人际关系中,应处于核心地位。

(4)控制职能。是在项目实施的过程中,运用有效的方法和手段,不断分析、决策、反馈,不断调整实际值与计划值之间的偏差,以确保项目总目标的实现。项目控制往往是通过目标的分解、阶段性目标的制订和检验、各种指标定额的执行,以及实施中的反馈与决策来实现的。

0.2.2.3 项目管理范围与内容

参照 PMI 标准委员会制订的项目管理体系,结合国际工程特点和实际而提出的项目管理八个方面的工作内容。

一是项目人力资源管理,指为了科学有效地安排使用投入项目的人力而采取的一系列步骤,包括项目组织的规划设计、组织结构模式及选择、项目管理班子和项目经理的要求与选择等。

二是项目范围管理,指确保项目成功地完成规定要做的全部工作的管理过程,包括项目的批准、范围定义、范围规划、范围变更控制和范围确认等。

三是项目进度管理,指确保项目按时完成的一系列(各阶段)工作过程安排,包括项目活动定义和顺序安排的方法、活动时间计划依据和方法、进度计划的制订和优化、进度的监测(检查)与调整等。

四是项目费用管理,指为确保完成项目的总费用不超过批准预算的一系列过程,包括项目费用构成、资源计划、费用结果、计算与控制等。

五是项目质量管理,指工程质量管理体系,包括质量策划、控制方法和保证措施等。

六是项目信息交流管理,指为确保项目信息快速有效地收集和传递的一系列工作,包括信息交流规划、信息传递、进度报告和施工资料文件的管理等。

七是项目风险管理,指对项目风险的识别、分析、排除和降低风险影响的工作,包括风险的识别、分析预测和评价,风险对策的提出与实施管理等。

八是项目采购管理,指围绕项目所组织的对货物(材料、设备)和服务进行采购的工作,包括采购计划、招标、合同管理等。

通过上面的介绍可以看出,对工程项目管理的工作范围、内容和控制要求,世界各国几乎是一样的,只是方法、手段不尽相同。

0.2.3 建设项目管理

0.2.3.1 建设项目的概念与特征

建设项目是指按照一个总体设计进行施工,由一个或几个相互有内在联系的单项工程所组成,经济上实行统一核算,行政上实行统一管理的基本建设单位。建设项目的实现是指投入一定量的资金,经过决策、实施等一系列程序,在一定的约束条件下形成固定资产的一次性过程。

建设项目具有以下特征:

(1)工程投资额巨大,建设周期长。由于建设产品工程量巨大,尤其是水利工程,在建设期间要耗用大量的劳动、资源和时间,加之施工环境复杂多变,受自然条件影响大,这些因素都无时不在影响着工期、投资和质量。

(2)建设项目是若干单项工程的总体。各单项工程在建成后的工程运行中，以其良好的工程质量发挥其功能与作用，并共同组成一个完整的组织结构，形成一个有机整体，协调、有效地发挥工程的整体作用，实现整体的功能目标。

0.2.3.2 建设项目管理

建设项目管理是以建设项目为对象，以实现建设项目投资目标、工期目标和质量目标为目的，对建设项目进行高效率的计划、组织、协调、控制的系统的、有限的循环管理过程。建设项目的管理者应由参与建设活动的各方组成，即项目法人、设计单位和施工单位等。因其所处的角度不同、职责不同，形成的项目管理类型也不同。

(1)项目法人的建设项目管理。从编制项目建议书至项目竣工验收、投产使用全过程进行管理。如果委托监理单位进行具体管理，则称为建设监理。建设监理是监理单位受项目法人委托，按合同规定为项目法人服务，并非代表项目法人。

(2)设计单位的建设项目管理。由设计单位进行的项目管理，一般限于设计阶段。

(3)施工单位的建设项目管理。由施工单位进行的项目管理，一般限于施工阶段。

项目法人在进行项目管理时，与设计单位和施工单位的项目管理目标和出发点不同，只有当建设项目管理的主体是项目法人时，建设项目管理目标才与项目目标一致。

0.2.4 建设项目划分

0.2.4.1 基本建设项目划分

一个基本建设项目往往规模大，建设周期长，影响因素复杂，尤其是大中型水利水电工程。因此，为了便于编制基本建设计划和编制工程造价，组织招标投标与施工，进行质量、工期和投资控制，拨付工程款项，实行经济核算和考核工程成本，需对一个基本建设项目进行系统地逐级划分。基本建设工程通常按项目本身的内部组成，将其划分为建设项目、单项工程、单位工程、分部工程和分项工程。

1. 建设项目

建设项目是指按照一个总体设计进行施工，由一个或若干个单项工程组成，经济上实行统一核算，行政上实行统一管理的基本建设工程实体，如一座独立的工业厂房、一所学校或水利枢纽工程等。

一个建设项目中，可以有几个单项工程，也可以只有一个单项工程，不得把不属于一个设计文件内的、经济上分别核算、行政分开管理的几个项目捆在一起作为一个建设项目，也不能把总体设计内的工程，按地区或施工单位划分为几个建设项目。在一个设计任务书范围内，规定分期进行建设时，仍为一个建设项目。

2. 单项工程

单项工程是一个建设项目中，具有独立的设计文件，竣工后能够独立发挥生产能力和使用效益的工程，如工厂内能够独立生产的车间、办公楼等。一所学校的教学楼、学生宿舍等。一个水利枢纽工程的发电站、拦河大坝等。

单项工程是具有独立存在意义的一个完整工程，也是一个极为复杂的综合体，它由许多单位工程所组成。如一个新建车间，不仅有厂房，还有设备安装等工程。

3. 单位工程

单位工程是单项工程的组成部分，是指具有独立的设计文件，可以独立组织施工，但完工后不能独立发挥效益的工程。如工厂车间是一个单项工程，又可划分为建筑工程和设备安装两大类单位工程。

每一个单位工程仍然是一个较大的组合体，它本身仍然是由许多的结构或更小的部分组成的，所以对单位工程还需要进一步划分。

4. 分部工程

分部工程是单位工程的组成部分，是按工程部位、设备种类和型号、使用的材料和工种的不同对单位工程所作的进一步划分。

分部工程是编制工程造价、组织施工、质量评定、包工结算与成本核算的基本单位，但在分部工程中影响工料消耗的因素仍然很多。例如，同样都是土方工程，由于土壤类别（普通土、坚硬土、砾质土）不同，挖土的深度不同，施工方法不同，则每一单位土方工程所消耗的人工、材料差别很大。因此，还必须把分部工程按照不同的施工方法、不同的材料、不同的规格等作进一步的划分。

5. 分项工程

分项工程是分部工程的组成部分，是通过较为简单的施工过程就能生产出来，并且可以用适当计量单位计算其工程量大小的建筑或设备安装工程产品。例如，每立方米砖基础工程、一台电动机的安装等。一般来说，它的独立存在是没有意义的，它只是建筑或设备安装工程的最基本构成要素。

0.2.4.2　水利水电工程建设项目划分

由于水利水电建设项目常常是由多种性质的水工建筑物构成的复杂的建筑综合体，同其他工程相比，包含的建筑种类多，涉及面广。根据水利水电工程的性质特点和组成内容进行项目划分。

1. 两大类型

水利水电建设项目划分为两大类型：一类是枢纽工程（水库、水电站和其他大型独立建筑物），另一类是引水工程及河道工程（供水工程、灌溉工程、河湖整治工程和堤防工程）。

2. 五个部分

水利水电枢纽工程和引水工程及河道工程又划分为建筑工程、机电设备及安装工程、金属结构设备及安装工程、施工临时工程和独立费用五大部分。

1）建筑工程

（1）枢纽工程。指水利枢纽建筑物（含引水工程中的水源工程）和其他大型独立建筑物。它包括挡水工程、泄洪工程、引水工程、发电厂工程、升压变电站工程、航运工程、鱼道工程、交通工程、房屋建筑工程和其他建筑工程。其中，挡水工程等前七项为主体建筑工程。

（2）引水工程及河道工程。指供水、灌溉、河湖整治、堤防修建与加固工程。它包括供水、灌溉渠（管）道、河湖整治与堤防工程、建筑物工程（水源工程除外）、交通工程、房屋建筑工程、供电设施工程和其他建筑工程。

2)机电设备及安装工程

(1)枢纽工程。指构成枢纽工程固定资产的全部机电设备及安装工程。本部分由发电设备及安装工程、升压变电设备及安装工程和公用设备及安装工程三项组成。

(2)引水工程及河道工程。指构成该工程固定资产的全部机电设备及安装工程。本部分一般由泵站设备及安装工程、小水电站设备及安装工程、供变电工程、公用设备及安装工程四项组成。

3)金属结构设备及安装工程

金属结构设备及安装工程指构成枢纽工程和其他水利工程固定资产的全部金属结构设备及安装工程。它包括闸门、启闭机、拦污栅、升船机等设备及安装工程,压力钢管制作及安装工程和其他金属结构设备及安装工程。金属结构设备及安装工程项目要与建筑工程项目相对应。

4)施工临时工程

施工临时工程指为辅助主体工程施工所必须修建的生产和生活用临时性工程。它包括导流工程、施工交通工程、施工场外供电工程、施工房屋建筑工程、其他施工临时工程。

5)独立费用

本部分由建设管理费、生产准备费、科研勘测设计费、建设及施工场地征用费和其他五项组成。

3. 三级项目

根据水利工程性质,工程项目分别按枢纽工程、引水工程及河道工程划分,工程各部分下设一、二、三级项目。其中一级项目相当于单项工程,二级项目相当于单位工程,三级项目相当于分部分项工程。

0.2.5 我国建设项目管理体制

0.2.5.1 改革开放前我国的建设项目管理体制

改革开放前我国的建设项目管理体制经历了自营制、指挥部制、投资包干责任制等阶段。新中国成立初期及以后相当长的时期普遍采用的是自营制方式,建设项目管理实行首长(或党委)负责制,行政命令主宰一切。在“大跃进”期间及其后,随着基建规模的扩大,大中型项目的建设采取以军事指挥的方式组织项目建设活动,即指挥部制。项目建设的指挥层由地方和中央复合构成,由于其不承担决策风险,对投资的使用、回收不承担责任,工程指挥部成员临时组成。项目结束后人员解散,这种一次性非专业化管理方式,使得工程项目建设始终处于低水平管理状态,因此对投资、进度和质量难以控制成为必然。随后出现了投资包干责任制,其特点是上级主管部门和承建的施工企业签订投资包干合同,规定了项目的规模、资金、工期,有的还列入了奖惩条款,这种体制明显优于自营制和指挥部制。但由于施工企业仍然一切依赖国家,这种模式仍摆脱不了自营制的根本缺陷。这些传统的工程项目管理体制由于自身的先天不足,使得我国工程建设的水平和投资效益长期得不到提高，投资失控、工期拖长、质量下降等问题无法从根本上得到解决。

0.2.5.2 当前我国建设项目管理体制的基本格局

随着社会主义市场经济体制的建立和发展，传统的建设与管理模式的弊端日趋显现。我国在工程建设领域进行了一系列的重大改革，从以前在工程设计和施工中采用行政分配、缺乏活力的计划管理方式，而改变为由项目法人为主体的工程招标发包体系，以设计、施工和材料设备供应为主体的投标承包体系，以工程监理单位为主体的技术咨询服务体系的三元主体，且三者之间以经济为纽带，以合同为依据，相互监督，相互制约，构成建设项目组织管理体制的新模式。水利部《水利工程建设项目管理规定》指出："水利工程建设要推行项目法人责任制、招标投标制和建设监理制"。通过推行项目法人责任制、招标投标制、工程监理制等改革举措，即以国家宏观监督调控为指导，项目法人责任制为核心，招标投标制和工程监理制为服务体系，构筑了当前我国建设项目管理体制的基本格局。

1. 项目法人责任制

法人是具有权利能力和行为能力，依法独立享有民事权利和承担民事义务的组织。项目法人是建设项目的投资者，项目投资风险的承担者，贷款建设项目的负债者，项目建设与运行的决策者，项目投产或使用效益的受益者，建成项目资产的所有者。项目法人是1994年提出的，此前称业主、建设单位、发包人等。建立、健全水利工程建设项目法人责任制，是推进工程建设管理体制改革的关键。项目法人责任制的前身是项目业主责任制，项目业主责任制是西方国家普遍实行的一种项目组织管理方式。我国实行的项目责任制，是建立社会主义市场经济的需要，是转换建设项目投资经营机制、提高投资效益的一项重要改革措施。项目法人责任制的主要职责是：对项目的策划、资金筹措、建设实施、生产经营、债务偿还及资产的保值增值，实行全过程负责。项目法人是工程建设投资行为的主体，要承担投资风险，并对投资效果全面负责，必然委托智力密集型的监理单位为其提供咨询和管理。

2. 招标投标制

招标投标是国际建筑市场中项目法人选择承包商的基本方式。我国在20世纪70年代之前都是根据国家或地方的计划，用行政分配方式下达建设任务。80年代后，随着改革开放的发展而逐步推行招标投标制。90年代后，逐步实施与完善招标投标制。建设工程实行招标投标，有利于开展竞争，使建设工程得到科学有效的控制和管理，从而提高我国水利工程建设的管理水平，促进我国水利水电建设事业的发展。

3. 工程监理制

工程监理制是我国工程建设领域中项目管理体制的重大改革举措之一，是一种科学的管理制度，监督管理的对象是建设行为人在工程项目实施过程中的技术经济活动，要求这些活动及其结果必须符合有关法规、技术标准、规程、规范和工程承包合同的规定；目的在于确保工程项目在合理的期限内以合理的代价与合格的质量实现其预定的目标。工程监理制是我国实行项目法人责任制、招标投标制而配套推行的一项建设管理的科学制度。它的推行，使我国的工程建设项目管理体制由传统的自筹、自建、自管的小生产管理模式，开始向社会化、专业化、现代化的管理模式转变。

0.3 水利工程项目管理概述

0.3.1 项目管理的内容

项目管理的核心任务是项目的目标控制,因此按项目管理学的基本理论,没有明确目标的建设工程不能成为项目管理的对象。

0.3.1.1 建设工程项目管理的内涵

建设工程项目管理的内涵是:自项目开始至项目完成,通过项目的策划和项目控制,以使项目的费用目标、进度目标和质量目标得以实现。

“自项目开始至项目完成”指的是项目的实施期;“项目的策划”指的是目标控制前的一系列筹划和准备工作;“费用目标”对业主而言是投资目标,对施工方而言是成本目标。项目决策期管理工作的主要任务是确定项目的定义,而项目实施期管理主要任务是通过管理使项目的目标得以实现。

0.3.1.2 建设工程项目管理类型

按照建设工程生产组织特点,一个项目往往由众多单位承担不同的建设任务,而各参与单位的工作性质、工作任务和利益不同,因此就形成了不同类型的项目管理。由于业主方是建设工程项目生产过程的总集成者——人力资源、物资资源和知识的集成,业主方也是建设工程项目生产过程中的总组织者,因此对于一个建设工程项目而言,虽有代表不同利益方的项目管理,但是,业主方的项目管理是管理的核心。

按建设工程项目不同参与方的工作性质和组织特征划分,项目管理有如下几种类型:业主方的项目管理、设计方的项目管理、施工方的项目管理、供货方的项目管理、建设项目工程总承包方的项目管理等。

投资方、开发方和由咨询公司提供的代表业主方利益的项目管理服务都属于业主方的项目管理。施工总承包方和分包方的项目管理都属于施工方的项目管理。材料和设备供应方的项目管理都属于供货方的项目管理。建设项目总承包有多种形式,如设计和施工任务综合承包,设计、采购和施工任务综合承包(简称 EPC)等,它们的项目管理都属于建设项目总承包方的项目管理。

0.3.1.3 业主方项目管理的目标和任务

业主方项目管理服务于业主方的利益,其项目管理的目标包括投资目标、进度目标和质量目标。其中投资目标是指项目的总投资目标。进度目标指的是项目动用的时间目标,即项目交付使用的时间目标。质量目标不仅涉及施工的质量,还包括设计质量、材料质量、设备质量和影响项目运行或运营的环境质量等。质量目标包括满足相应的技术规范和技术标准的规定,以及满足业主方相应的质量要求。

项目的投资目标、进度目标和质量目标之间既有矛盾的一面,也有统一的一面,它们之间的关系是对立统一关系。要加快进度往往需要增加投资,欲提高质量往往也需要增加投资,过度的缩短进度会影响质量目标的实现,这都表明了目标之间关系矛盾的一面;

但通过有效的管理,在不增加投资的前提下,也可以缩短工期和提高工程质量,这反映了目标之间关系统一的一面。

建设工程项目的全寿命周期包括项目的决策阶段、实施阶段和使用阶段。项目的实施阶段包括设计前的准备阶段、设计阶段、施工阶段。

业主方的项目管理工作涉及项目实施阶段的全过程,即在设计前准备阶段、设计阶段、施工阶段、动用前准备阶段和保修期分别进行如下工作:安全管理、投资控制、进度控制、质量控制、合同管理、信息管理、组织与协调。

其中,安全管理是项目管理中最重要的工作,因为安全管理关系到人身的健康与安全,而投资控制、进度控制、质量控制和合同管理等则主要涉及物质利益。

0.3.1.4 设计方项目管理的目标与任务

设计方作为建设项目的一个参与方,其项目管理主要服务于项目的整体利益和设计方本身的利益。其项目管理的目标包括设计的成本目标、设计的进度目标和设计的质量目标,以及项目的投资目标。

设计方的项目管理工作主要在设计阶段进行,但它也涉及设计前准备阶段、施工阶段、动用前准备阶段和保修期。其管理任务包括与设计工作有关的安全管理、设计成本控制和与设计工作有关的工程造价控制、设计进度控制、设计质量控制、设计合同管理、设计信息管理、与设计工作有关的组织和协调。

0.3.1.5 供货方项目管理的目标与任务

供货方作为项目建设的一个参与方,其项目管理主要服务于项目的整体利益和供货方的本身利益。其项目管理的目标包括供货方的成本目标、供货方的精度目标和供货方的质量目标。

供货方的项目管理工作主要在施工阶段进行,但它也涉及设计准备阶段、设计阶段、动用前准备阶段和保修期。其主要任务包括供货方的安全管理、供货方的成本控制、供货方的进度控制、供货方的质量控制、供货合同管理、供货信息管理、与供货有关的组织与协调。

0.3.1.6 建设项目工程总承包方项目管理的目标和任务

建设项目工程总承包方作为项目建设的一个参与方,其项目管理主要服务于项目的利益和建设项目总承包方本身的利益。其项目管理的目标包括项目的总投资目标和总承包方的成本目标、项目的进度目标和项目的质量目标。

建设项目工程总承包方项目管理工作设计项目实施阶段的全过程,即设计前准备阶段、设计阶段、施工阶段、动用前准备阶段和保修期。其项目管理主要任务包括安全管理、投资控制和总承包方的成本控制、进度控制、质量控制、合同管理、信息管理、与建设项目总承包方有关的组织和协调。

0.3.2 施工项目管理的组织机构

0.3.2.1 系统的概念

系统取决于人们对客观事物的观察方式:一个企业、一个学校、一个科研项目或者一个建设项目都可以视作一个系统,但上述不同系统的目标不同,从而形成的组织观念、组织方法和组织手段也会不相同,上述各种系统的运行方式也不相同。

建设工程项目作为一个系统,它与一般的系统相比,有其明显的特征,如:

建设项目都是一次性的,没有两个完全相同的项目。

建设项目全寿命周期议案由决策阶段、实施阶段和运营阶段组成,各阶段的工作任务和工作目标不同,其参与或涉及的单位也不相同,它的全寿命周期持续时间长。

一个建设项目的任务往往由多个,甚至许多许多个单位共同完成,它们的合作关系多数是不固定的,并且一些参与单位的利益不尽相同,甚至是对立的。

0.3.2.2 系统目标和系统组织的关系

影响一个系统目标实现的主要因素为组织、人的因素、方法与工具。

结合建设工程项目的特点,人的因素包括:

(1)建设单位和该项目所有参与单位(设计、工程监理、施工、供货单位等)的管理人员的数量和质量。

(2)该项目所有参与单位(设计、工程监理、施工、供货单位等)的生产人员的数量和质量。

方法与工具包括:

(1)建设单位和所有参与单位管理的方法与工具。

(2)所有参与单位生产的方法与工具。

系统的目标决定了系统的组织,而组织是目标能否实现的决定性因素。这是组织论的一个重要结论,也就是说项目的管理目标决定了项目的管理组织,而项目的管理组织是项目的管理目标能否实现的决定性因素。

控制项目目标的主要措施包括组织措施、管理措施、经济措施和技术措施,其中组织措施是最重要的措施。

1. 组织论和组织工具

组织论主要研究系统的组织结构模式、组织分工和工作流程组织,它是与项目管理学相关的一门非常重要的基础理论学。

(1)组织结构模式反映一个组织系统中各子系统之间或各元素之间的指令关系。指令关系指的是哪一个工作部门或哪一位管理人员可以对哪一个工作部门或哪一个管理人员下达工作指令。

(2)组织分工反映一个组织系统中各子系统或各元素的工作任务分工和管理职能分工。

(3)组织结构模式和组织分工都是一种相对静态的组织关系。工作流程组织则可反映一个组织系统中各项工作之间的逻辑关系,是一种动态关系。

2. 基本的组织结构模式

组织论的三个重要的组织工具是项目结构图、组织结构图和合同结构图,三者区别见表0-1。

常用的组织结构模式包括职能组织结构、线性组织结构和矩阵组织结构等。这几种常用的组织结构模式既可以在企业管理中运用,也可以在建设项目管理中运用。

表 0-1　项目结构图、组织结构图和合同结构图的区别

组织工具	表达的含义	图中矩形框的含义	矩形框连接的表达
项目结构图	对一个项目的结构进行逐层分解,以反映组成该项目的所有任务(该项目的组成部分)	一个项目的组成部分	直线
组织结构图	反映一个组织系统中各组成部门(组成元素)之间的组织关系(指令关系)	一个组织系统中的组成部分(工作部门)	单向箭线
合同结构图	反映一个建设项目参与单位之间的合同关系	一个建设项目的参与单位	双向箭线

1)职能组织结构的特点和应用

在职能组织结构中,每一个职能部门可根据它的管理职能对其直接和非直接的下属工作部门下达工作指令,因此每一个工作部门可能得到其直接和非直接的上级工作部门下达的工作指令,它就会有多个矛盾指令源。我国多数的企业、学校、事业单位目前还沿用这种传统的组织结构模式。许多建设项目目前还用这种传统的组织结构模式,在工作中常出现交叉和矛盾的工作指令关系,严重影响了项目管理机制的运行和项目目标的实现。

2)线性组织结构的特点及应用

在线性组织结构中,每一个工作部门只能对其直接下属部门下达工作指令,每一个工作部门也只有一个直接的上级部门,因此每一个工作部门只有唯一一个指令源,避免了由于矛盾的指令而影响组织系统的运行。

在国际上,线性组织结构模式是建设项目管理组织系统的一种常用模式,线性组织结构模式可确保工作指令的唯一性。但是在一个特大组织系统中,由于线性组织结构模式指令路径过长,有可能造成组织系统在一定程度上运行困难。

3)矩阵组织结构的特点及应用

矩阵组织结构是一种较新型的组织结构模式,在矩阵组织结构最高指挥者(部门)下设纵向和横向两种不同类型的工作部门。

在矩阵组织结构中,每一项纵向和横向的工作,指令都来源于纵向和横向两个工作部门,因此指令源为两个。当纵向和横向工作部门的指令发生矛盾时,由该组织系统中最高指挥者进行协调或决策。

在矩阵组织结构中为避免纵向和横向工作部门指令矛盾对工作的影响,可以采用以纵向工作指令为主或者以横向工作指令为主的矩阵组织结构模式,这样也可以减轻该组织最高指挥者的协调工作量。

3. 施工项目经理部

1)项目经理部定义

施工项目经理部是由施工项目经理在施工企业的支持下组建并领导进行项目管理的组织机构。它是施工项目现场管理的一次性具有弹性的施工生产组织机构,负责施工项

目从开工到竣工的全过程施工生产经营的管理工作，既是企业某一施工项目的管理层，又对劳务作业层负有管理与服务的双重职能。

大、中型施工项目，施工企业必须在施工现场设立施工项目经理部，小型施工项目，可由企业法定代表人委托一个项目经理部兼管。

施工项目经理部直属项目经理的领导，接受企业各职能部门指导、监督、检查和考核。

施工项目经理部在项目竣工验收、审计完成后解体。

2）施工项目经理部的作用

（1）负责施工项目从开工到竣工的全过程施工生产经营的管理，对作业层负有管理与服务的双重职能。

（2）为施工项目经理决策提供信息依据，当好参谋，同时又要执行项目经理的决策意图，向项目经理全面负责。

（3）施工项目经理部作为组织主体，应完成企业所赋予的基本任务——施工项目管理任务；凝聚管理人员的力量，调动其积极性，促进管理人员的合作，建立为事业献身的精神；协调部门之间、管理人员之间的关系，发挥每个人的岗位作用，为共同目标进行工作。

（4）施工项目经理部是代表企业履行工程承包合同的主体，对生产全过程负责。

3）施工项目经理部的设立

施工项目经理部的设立应根据施工项目管理的实际需要进行。施工项目经理部的组织机构可繁可简、可大可小，其复杂程度和职能范围完全取决于组织管理体制、规模和人员素质。施工项目经理部的设立应遵循以下基本原则：

（1）要根据所设计的施工项目组织形式设置施工项目经理部。大、中型施工项目宜建立矩阵式项目管理机构，远离企业所在地的大、中型施工项目宜建立职能式项目管理机构，小型施工项目宜建立直线式项目管理机构。

（2）要根据施工项目的规模、复杂程度和专业特点设置施工项目经理部。例如，大型施工项目经理部可以设职能部、处；中型项目经理部可以设处、科；小型施工项目经理部一般只需设职能人员即可。

（3）施工项目经理部是一个具有弹性的一次性管理组织，随着施工项目的开工而组建，随着施工项目的竣工而解体，不应搞成一级固定性组织。

（4）施工项目经理部的人员配置应面向现场，满足现场的计划与调度、技术与质量、成本与核算，而不应设置专管经营与咨询、研究与发展、政工与人事等与施工关系较少的非生产性管理部门。

4. 施工项目经理责任制

1）施工项目经理的概念

施工项目经理是指由建筑业企业法定代表人委托和授权，在建设工程施工项目中担任项目经理责任岗位职务，直接负责施工项目的组织实施，对建设工程施工项目实施全过程、全面负责的项目管理者是建设工程施工项目的责任主体，是建筑业企业法定代表人在承包建设工程施工项目上的委托代理人。

2）施工项目经理的地位

一个施工项目是一项一次性的整体任务，在完成这个任务的过程中，现场必须有一个最高的责任者和组织者,这就是施工项目经理。

施工项目经理是对施工项目管理实施阶段全面负责的管理者,在整个施工活动中占有举足轻重的地位,确立施工项目经理的地位是搞好施工项目管理的关键。

(1)施工项目经理是建筑施工企业法定代表人在施工项目上负责管理和合同履行的委托代理人,是施工项目实施阶段的第一责任人。施工项目经理是项目目标的全面实现者,既要对项目业主的成果性目标负责,又要对企业效益性目标负责。

(2)施工项目经理是协调各方面关系,使之相互协作、密切配合的桥梁和纽带。施工项目经理对项目管理目标的实现承担着全部责任,即合同责任,履行合同义务,执行合同条款,处理合同纠纷。

(3)施工项目经理对施工项目的实施进行控制,是各种信息的集散地和处理中心。自上、自下、自外而来的信息,通过各种渠道汇集到施工项目经理处,施工项目经理通过对各种信息进行汇总分析,及时做出应对决策,并通过报告、指令、计划和协议等形式,对上反馈信息,对下、对外发布信息。

(4)施工项目经理是施工项目责、权、利的主体。首先,施工项目经理必须是项目实施阶段的责任主体,是项目目标的最高责任者,而且目标实现应该不超出限定的资源条件。责任是施工项目经理责任制的核心,它构成了施工项目经理工作的压力,是确定施工项目经理利益的依据。其次,施工项目经理必须是项目的权力主体。权力是确保施工项目经理能够承担起责任的条件与前提,所以权力的范围,必须视施工项目经理所承担的责任而定。如果没有必要的权力,施工项目经理就无法对工作负责。最后,施工项目经理必须是施工项目的利益主体。利益是施工项目经理工作的动力,是因施工项目经理负有相应的责任而得到的报酬,所以利益的形式及利益的大小须与施工项目经理的责任对等。

3)施工项目经理的职责

施工项目经理的职责主要包括两个方面:一方面要保证施工项目按照规定的目标高速、优质、低耗地全面完成,另一方面要保证各生产要素在授权范围内最大限度地优化配置。施工项目经理的职责具体如下:

(1)代表企业实施施工项目管理。贯彻执行国家和施工项目所在地政府的有关法律、法规、方针、政策和强制性标准,执行企业的管理制度,维护企业的合法利益。

(2)与企业法人签订施工项目管理目标责任书,执行其规定的任务,并承担相应的责任,组织编制施工项目管理实施规划并组织实施。

(3)对施工项目所需的人力资源、资金、材料、技术和机械设备等生产要素进行优化配置和动态管理,沟通、协调和处理与分包单位、项目业主、监理工程师之间的关系,及时解决施工中出现的问题。

(4)业务联系和经济往来,严格财经制度,加强成本核算,积极组织工程款回收,正确处理国家、企业及个人的利益关系。

(5)做好施工项目竣工结算、资料整理归档,接受企业审计并做好施工项目经理部的解体和善后工作。

4)施工项目经理的权限

赋予施工项目经理一定的权利是确保项目经理承担相应责任的先决条件。为了履行项目经理的职责，施工项目经理必须具有一定的权限，这些权限应由企业法人代表授权，并用制度和目标责任书的形式具体确定下来。施工项目经理在授权和企业规章制度范围内，应具有以下权限：

(1)用人决策权。施工项目经理有权决定项目管理机构班子的设置，聘任有关管理人员，选择作业队伍，对班子内的任职情况进行考核监督，决定奖惩乃至辞退。当然，项目经理的用人权应当以不违背企业的人事制度为前提。

(2)财务支付权。施工项目经理应有权根据施工项目的需要或生产计划的安排，做出投资动用，流动资金周转，固定资产机械设备租赁、使用的决策，也要对项目管理班子内的计酬方式、分配的方案等做出决策。

(3)进度计划控制权。根据施工项目进度总目标和阶段性目标的要求，对工程施工进行检查、调整，并对资源进行调配，从而对进度计划进行有效的控制。

(4)技术质量管理权。根据施工项目管理实施规划或施工组织设计，有权批准重大技术方案和重大技术措施，必要时召开技术方案论证会，把好技术决策关和质量关，防止技术的决策失误，主持处理重大质量事故。

(5)物资采购管理权。在有关规定和制度的约束下有权采购和管理施工项目所需的物资。

(6)现场管理协调权。代表公司协调与施工项目有关的外部关系，有权处理现场突发事件，但事后须及时通报企业主管部门。

5)施工项目经理的利益

施工项目经理最终的利益是项目经理行使权力和承担责任的结果，也是市场经济条件下，责、权、利、效(经济效益和社会效益)相互统一的具体体现。利益可分为两大类：一是物资兑现，二是精神奖励。施工项目经理应享有以下利益：

(1)获得基本工资、岗位工资和绩效工资。

(2)在全面完成施工项目管理目标责任书确定的各种责任目标，工程交工验收并结算后，接受企业的考核和审计，除按规定获得物资奖励外，还可获得表彰、记功、优秀项目经理等荣誉称号及其他精神奖励。

(3)经考核和审计，为完成施工项目管理目标责任书确定的责任目标或造成亏损的，按有关条款承担责任，并接受经济或行政处罚。

第1章 水利工程项目管理知识

水利工程项目管理是以工程项目为管理对象,以项目经理责任制为中心,以合同为依据,按工程项目的内在规律,实现资源的优化配置和对各生产要素进行有效地计划、组织、指导、控制,取得最佳的经济效益的过程。管理的核心任务就是项目的目标控制,项目的目标界定了施工项目管理的主要内容,就是"四控二管一协调",即成本控制、进度控制、质量控制、安全控制、合同管理、信息管理和组织协调。

1.1 管理的目标和任务

项目管理是建设单位运用系统的观点、理论和方法对工程项目进行的计划、组织、监督、控制、协调等全过程、全面的管理。

1.1.1 建设工程项目管理的类型

1.1.1.1 建设工程项目管理的内涵

自项目开始至项目完成,通过项目策划和项目控制,以使项目的费用目标、进度目标和质量目标得以实现。

"自项目开始至项目完成"指的是项目的实施期;"项目策划"指的是目标控制前的一系列筹划和准备工作;"费用目标"对业主而言是投资目标,对施工方而言是成本目标。项目决策期管理工作的主要任务是确定项目的定义,而项目实施期管理的主要任务是通过管理使项目的目标得以实现。

1.1.1.2 按建设工程生产组织的特点

一个项目往往由许多参与单位承担不同的建设任务,而各参与单位的工作性质、工作任务和利益不同,因此就形成了不同类型的项目管理。

由于业主方是建设工程项目生产过程的总集成者——人力资源、物质资源和知识的集成,业主方也是建设工程项目生产过程的总组织者,因此对于一个建设工程项目而言,虽然有代表不同利益方的项目管理,但是,业主方的项目管理是管理的核心。

1.1.1.3 建设项目管理类型

按建设工程项目不同参与方的工作性质和组织特征划分,项目管理有如下几种类型:业主方的项目管理、设计方的项目管理、施工方的项目管理、供货方的项目管理、监理方的项目管理、建设项目总承包方的项目管理。

投资方、开发方和由咨询公司提供的代表业主方利益的项目管理服务都属于业主方的项目管理。施工总承包方和分包方的项目管理都属于施工方的项目管理。材料和设备供应方的项目管理都属于供货方的项目管理。

建设项目总承包有多种形式,如设计和施工任务综合的承包,设计、采购和施工任务综合的承包(简称 EPC 承包)等,它们的项目管理都属于建设项目总承包方的项目管理。

1.1.2 业主方项目管理的目标与任务

业主方项目管理服务于业主的利益,其项目管理的目标包括项目的投资目标、进度目标和质量目标。其中投资目标指的是项目的总投资目标。进度目标指的是项目动用的时间目标,即项目交付使用的时间目标,如工厂建成可以投入生产、道路建成可以通车、办公楼可以启用、旅馆可以开业的时间目标等。项目的质量目标不仅涉及施工的质量,还包括设计质量、材料质量、设备质量和影响项目运行或运营的环境质量等。质量目标包括满足相应的技术规范和技术标准的规定,以及满足业主方相应的质量要求。

项目的投资目标、进度目标和质量目标之间既有矛盾的一面,也有统一的一面,它们之间的关系是对立统一的关系。要加快进度往往需要增加投资,欲提高质量往往也需要增加投资,过度地缩短进度会影响质量目标的实现,这都表现了目标之间关系矛盾的一面;但通过有效的管理,在不增加投资的前提下,也可缩短工期和提高工程质量,这反映了关系统一的一面。

建设工程项目的全寿命周期包括项目的决策阶段、实施阶段和使用阶段。项目的实施阶段包括设计前准备阶段、设计阶段、施工阶段、动用前准备阶段和保修期。招标投标工作分散在设计前准备阶段、设计阶段和施工阶段中进行,因此可以不单独列为招标投标阶段。

1.1.3 设计方项目管理的目标和任务

(1)设计方作为项目建设的一个参与方,其项目管理主要服务于项目的整体利益和设计方本身的利益。其项目管理的目标包括设计的成本目标、设计的进度目标和设计的质量目标,以及项目的投资目标。项目的投资目标能否得以实现与设计工作密切相关。

(2)设计方的项目管理工作主要在设计阶段进行,但它也涉及设计前准备阶段、施工阶段、动用前准备阶段和保修期。

(3)设计方项目管理的任务包括:与设计工作有关的安全管理、设计成本控制和与设计工作有关的工程造价控制、设计进度控制、设计质量控制、设计合同管理、设计信息管理、与设计工作有关的组织和协调。

1.1.4 施工方项目管理的目标和任务

1.1.4.1 施工方项目管理的目标

由于施工方是受业主方的委托承担工程建设任务,施工方必须树立服务观念,为项目建设服务,为业主提供建设服务;另外,合同也规定了施工方的任务和义务,因此施工方作为项目建设的一个重要参与方,其项目管理不仅应服务于施工方本身的利益,也必须服务于项目的整体利益。项目的整体利益和施工方本身的利益是对立统一的关系,两者有其统一的一面,也有其矛盾的一面。

施工方项目管理的目标应符合合同的要求,它包括施工的安全管理目标、施工的成本目标、施工的进度目标、施工的质量目标。

如果采用工程施工总承包或工程施工总承包管理模式,施工总承包方或施工总承包管理方必须按工程合同规定的工期目标和质量目标完成建设任务。而施工总承包方或施工总承包管理方的成本目标是由施工企业根据其生产和经营的情况自行确定的。分包方则必须按工程分包合同规定的工期目标和质量目标完成建设任务,分包方的成本目标是该施工企业内部自行确定的。

按国际工程的惯例,当采用指定分包商时,不论指定分包商与施工总承包方,或与施工总承包管理方,或与业主方签订合同,由于指定分包商合同在签约前必须得到施工总承包方或施工总承包管理方的认可,因此施工总承包方或施工总承包管理方应对合同规定的工期目标和质量目标负责。

1.1.4.2 施工方项目管理的任务

施工方项目管理的任务包括施工安全管理、施工成本控制、施工进度控制、施工质量控制、施工合同管理、施工信息管理、与施工有关的组织与协调等。

施工方的项目管理工作主要在施工阶段进行,但由于设计阶段和施工阶段在时间上往往是交叉的,因此施工方的项目管理工作也会涉及设计阶段。在动用前准备阶段和保修期施工合同尚未终止期间,还有可能出现涉及工程安全、费用、质量、合同和信息等方面的问题,因此施工方的项目管理也涉及动用前准备阶段和保修期。

在工程实践中,一个建设工程项目的施工管理和该项目施工方的项目管理是两个相互有关联,但内涵并不相同的概念。施工管理是传统的较广义的术语,它包括施工方履行施工合同应承担的全部工作和任务,既包含项目管理方面专业性的工作(专业人士的工作),也包含一般的行政管理工作。

1.1.4.3 施工总承包方的任务和特征

施工总承包方,对所承包的建设工程承担施工任务执行和组织的总责任,主要任务包括:

(1)整个施工过程的施工安全、施工总进度控制、施工质量控制和施工组织。

(2)控制施工成本(施工总承包方的内部管理任务)。

(3)工程施工的组织实施,在完成自己承担的施工任务以外,还负责组织和指挥自行分包施工单位和业主指定的分包施工单位的施工,并为分包施工单位提供必要的施工条件。

(4)负责施工资源的供应组织。

(5)代表施工方和业主方、设计方、工程监理方等外部单位进行必要的联系和协调。

分包施工方承担合同所规定的分包施工任务和相应的管理任务,如果采用施工总承包管理模式,分包方必须接受施工总承包管理方的工作指令,服从总体的项目管理。

施工总承包方是施工总承包管理方,主要意义不在于总价包干,而是通过设计和施工过程的组织集成,促进设计和施工的紧密结合,以达到项目建设增值的目的。目前,一般的大型项目难以采用固定总价包干,而是多数采用变动总价合同。

1.1.5 供货方项目管理的目标和任务

(1)供货方作为项目建设的一个参与方,其项目管理主要服务于项目的整体利益和供货方本身的利益。其项目管理的目标包括供货方的成本目标、供货的进度目标和供货的质量目标。

(2)供货方的项目管理工作主要在施工阶段进行,但它也涉及设计准备阶段、设计阶段、动用前准备阶段和保修期。

(3)供货方项目管理的主要任务包括供货的安全管理、供货方的成本控制、供货的进度控制、供货的质量控制、供货合同管理、供货信息管理、与供货有关的组织与协调。

1.1.6 监理方项目管理的目标与任务

工程建设监理是指监理单位受项目法人的委托,依据国家批准的工程建设文件,有关工程建设的法律、法规和工程建设监理合同以及其他工程建设合同而对工程建设实施的监督管理。它以实现建设项目的目标为目的,对建设项目进行有效的计划、组织、协调、控制。

监理单位是接受业主委托,代表业主利益而进行项目管理的单位,因此可以说监理方的项目管理是代表业主方利益的项目管理。

项目管理总目标与各参与方项目管理目标以及各参与方目标之间是既相联系又相矛盾的。如对业主来说,进度目标包括设计进度、施工进度、设备安装与调试周期等,要尽可能地缩短施工周期,就要求设计方缩短设计周期、施工单位缩短施工周期等,而设计单位为了保证设计质量总是想方设法延长设计周期,施工单位要赶工期就要增加支出并要冒质量方面的风险。因此,要实现项目管理总目标,其中很重要的一条就是要协调好各方之间的矛盾,总目标的实现和各分目标的实现互为条件,互为前提,是各分目标矛盾统一的平衡结果。

1.1.7 建设项目总承包方项目管理的目标和任务

(1)建设项目总承包方作为项目建设的一个参与方,其项目管理主要服务于项目的利益和建设项目总承包方本身的利益。其项目管理的目标包括项目的总投资目标和总承包方的成本目标、项目的进度目标和项目的质量目标。

(2)建设项目总承包方项目管理工作涉及项目实施阶段的全过程,即设计前的准备阶段、设计阶段、施工阶段、动用前准备阶段和保修期。

(3)建设项目总承包方项目管理的主要任务包括安全管理、投资控制和总承包方的成本控制、进度控制、质量控制、合同管理、信息管理、与建设项目总承包方有关的组织和协调。

1.2 管理的组织

1.2.1 项目结构分析

1.2.1.1 项目结构图

项目结构图是一个组织工具,它通过树状图的方式对一个项目的结构进行逐层分解,以反映组成该项目的所有工作任务。项目结构图中,矩形框表示工作任务(或第一层、第二层子项目等),矩形框之间的连接用连线表示。

1.2.1.2 项目结构编码

每个人的身份证都有编码,最新版编码由 18 位数字组成,其中的几个字段分别表示地域、出生年月日和性别等。交通车辆也有编码,表示城市和购买顺序等。编码由一系列符号(如文字)和数字组成,编码工作是信息处理的一项重要的基础工作。

一个建设工程项目有不同类型和不同用途的信息,为了有组织地存储信息、方便信息的检索和信息的加工整理,必须对项目的信息进行编码,如:项目的结构编码、项目管理组织结构编码、项目的政府主管部门和各参与单位编码(组织编码)、项目实施的工作项编码(项目实施的工作过程编码)、项目的投资项编码(业主方)/成本项编码(施工方)、项目的进度项(进度计划的工作项)编码、项目进展报告和各类报表编码、合同编码、函件编码、工程档案编码等。

以上这些编码是因不同的用途而编制的,如:投资项编码(业主方)/成本项编码(施工方)服务于投资控制工作/成本控制工作;进度项编码服务于进度控制工作。

项目结构的编码依据项目结构图,对项目结构的每一层的每一个组成部分进行编码。项目结构的编码和用于投资控制、进度控制、质量控制、合同管理和信息管理等管理工作的编码有紧密的有机联系,但它们之间又有区别。项目结构图和项目结构的编码是编制上述其他编码的基础。

1.2.2 项目管理的组织结构

1.2.2.1 基本的组织结构模式

组织结构模式可用组织结构图来描述,组织结构图也是一个重要的组织工具,反映一个组织系统中各组成部门(组成元素)之间的组织关系(指令关系)。在组织结构图中,矩形框表示工作部门,上级工作部门对其直接下属工作部门的指令关系用单向箭线表示。

组织结构模式由三个重要组织工具组成,包括项目结构图、组织结构图、合同结构图。

1.2.2.2 项目管理的组织结构图

对一个项目的组织结构进行分解,并用图的方式表示,就形成项目组织结构图,或称项目管理组织结构图。项目组织结构图反映一个组织系统(如项目管理班子)中各子系统之间和各元素(如各工作部门)之间的组织关系,反映的是各工作单位、各工作部门和各工作人员之间的组织关系。而项目结构图描述的是工作对象之间的关系。对一个稍大一些的项目的组织结构应该进行编码,它不同于项目结构编码,但两者之间也会有一定的联系。

一个建设工程项目的实施除业主方外,还有许多单位参加,如设计单位、施工单位、供货单位和工程管理咨询单位以及有关的政府行政管理部门等,项目组织结构图应注意表达业主方以及项目的参与单位有关的各工作部门之间的组织关系。

1.2.3 项目管理的工作任务分工

业主方和项目各参与方,如设计单位、施工单位、供货单位和工程管理咨询单位等都有各自的项目管理的任务,上述各方都应该编制各自的项目管理任务分工表。为了编制项目管理任务分工表,首先应对项目实施的各阶段的费用(投资或成本)控制、进度控制、质量控制、合同管理、信息管理和组织与协调等管理任务进行详细分解,在项目管理任务分解的基础上确定项目经理和费用(投资或成本)控制、进度控制、质量控制、合同管理、信息管理及组织与协调等主管工作部门或主管人员的工作任务。

1.2.3.1 工作任务分工

每一个建设项目都应编制项目管理任务分工表,这是一个项目的组织设计文件的一部分。在编制项目管理任务分工表前,应结合项目的特点,对项目实施各阶段的费用(投资或成本)控制、进度控制、质量控制、合同管理、信息管理和组织与协调等管理任务进行详细分解。在项目管理任务分解的基础上,明确项目经理和上述管理任务主管工作部门或主管人员的工作任务,从而编制工作任务分工表。

1.2.3.2 工作任务分工表

在工作任务分工表中应明确各项工作任务由哪个工作部门(或个人)负责,由哪些工作部门(或个人)配合或参与。无疑,在项目的进展过程中,应视必要性对工作任务分工表进行调整。

例如,某建筑工程在项目实施的初期,项目管理咨询公司建议把工作任务划分成9个大块,针对这9个大块任务编制了工作任务分工表随着工程的进展,任务分工表还将不断深化和细化,该表有如下特点:

(1)任务分工表主要明确哪项任务由哪个工作部门(机构)负责主办,另明确协办部门和配合部门,主办、协办和配合在表中分别用三个不同的符号表示。

(2)在任务分工表的每一行中,即每一个任务,都有至少一个主办工作部门。

(3)运营部和物业开发部参与整个项目实施过程,而不是在工程竣工前才介入工作。

1.2.4 项目管理的管理职能分工

1.2.4.1 管理职能的内涵

管理是由多个环节组成的过程,即:

(1)提出问题、通过进度计划值和实际值的比较,发现进度推迟了。

(2)筹划:加快进度有多种可能的方案,如改一班工作制为两班工作制,增加夜间作业,增加施工设备和改变施工方法,应对着三个方案进行比较分析。

(3)决策:从上述三个可能的方案中选择一个将被执行的方案,如改变施工方法。

(4)执行:落实改变的施工方法,组织改进后的施工方法进行施工。

(5)检查:检查改进施工方法后的方法是否被执行,如果已经执行,则检查执行的情况和效果。

若通过改进施工方法,工程进度的问题解决了,但又发现新问题,造成施工成本增加,这样就进入了管理的一个新的循环:提出问题、筹划、决策、执行、检查。

由此可见,在整个施工过程中,管理工作就是不断发现问题和不断解决问题的过程。

这些组成管理的环节就是管理的职能。管理的职能在一些文献中也有不同的表述,但其内涵是类似的。

1.2.4.2 管理职能分工

业主方和项目各参与方,如设计单位、施工单位、供货单位和工程管理咨询单位等都有各自的项目管理的任务和其管理职能分工,上述各方都应该编制各自的项目管理职能分工表。

管理职能分工表是用表的形式反映项目管理班子内部项目经理、各工作部门和各工作岗位对各项工作任务的项目管理职能分工。表中用拉丁字母表示管理职能。管理职能分工表也可用于企业管理。

1.2.5 项目管理的工作流程组织

工作流程组织包括:

(1)管理工作流程组织,如投资控制、进度控制、合同管理、付款和设计变更等流程。

(2)信息处理工作流程组织,如与生成月度进度报告有关的数据处理流程。

(3)物资流程组织,如钢结构深化设计工作流程,弱电工程物资采购工作流程,外立面施工工作流程等。

1.2.5.1 工作流程组织的任务

每一个建设项目应根据其特点,从多个可能的工作流程方案中确定以下几个主要的工作流程组织:

(1)设计准备工作的流程。

(2)设计工作的流程。

(3)施工招标工作的流程。

(4)物资采购工作的流程。

(5)施工作业的流程。

(6)各项管理工作(投资控制、进度控制、质量控制、合同管理和信息管理等)的流程。

(7)与工程管理有关的信息处理的流程。

这也就是工作流程组织的任务,即定义工作的流程。

工作流程图应视需要逐层细化,如投资控制工作流程可细化为初步设计阶段投资控制工作流程图、施工图阶段投资控制工作流程图和施工阶段投资控制工作流程图等。

业主方和项目各参与方,如工程管理咨询单位、设计单位、施工单位和供货单位等都有各自的工作流程组织的任务。

1.2.5.2 工作流程图

工作流程图用图的形式反映一个组织系统中各项工作之间的逻辑关系,它可用以描述工作流程组织。工作流程图是一个重要的组织工具。工作流程图用矩形框表示工作，箭线表示工作之间的逻辑关系，菱形框表示判别条件，也可用两个矩形框分别表示工作和工作的执行者。

1.3 施工组织设计的内容和编制方法

施工组织设计是对施工活动实行科学管理的重要手段，它具有战略部署和战术安排的双重作用。它体现了实现基本建设计划和设计的要求，提供了各阶段的施工准备工作内容，协调施工过程中各施工单位、各施工工程、各项资源之间的相互关系。

1.3.1 施工组织设计的内容

1.3.1.1 施工组织设计的基本内容

施工组织设计的内容要结合工程对象的实际特点、施工条件和技术水平进行综合考虑，一般包括以下基本内容。

1. 工程概况

(1)本项目的性质、规模、建设地点、结构特点、建设期限、分批交付使用的条件、合同条件。

(2)本地区地形、地质、水文和气象情况。

(3)施工力量，劳动力、机具、材料、构件等资源供应情况。

(4)施工条件。主要包括："三通一平"情况，施工现场及其周围环境，当地的交通运输条件，预制构件生产及供应情况，施工单位机械、设备、劳动力的落实情况，内部承包方式，劳动组织形式及施工管理水平，现场临时设施、供水、供电问题的解决等。

2. 施工部署及施工方案

(1)根据工程情况，结合人力、材料、机械设备、资金、施工方法等条件，全面部署施工任务，合理安排施工顺序，确定主要工程的施工方案。

(2)对拟建工程可能采用的几个施工方案进行定性、定量的分析，通过技术经济评价，选择最佳方案。

3. 施工进度计划

(1)施工进度计划反映了最佳施工方案在时间上的安排，采用计划的形式，使工期、成本、资源等方面，通过计算和调整达到优化配置，符合项目目标的要求。

(2)使工序有序地进行，使工期、成本、资源等通过优化调整达到既定目标，在此基础上编制相应的人力和时间安排计划、资源需求计划和施工准备计划。

4. 施工平面图

施工平面图是施工方案及施工进度计划在空间上的全面安排。它把投入的各种资源、材料、构件、机械、道路、水电供应网络、生产、生活活动场地及各种临时工程设施合理地布置在施工现场，使整个现场能有组织地进行文明施工。

5. 主要技术经济指标

技术经济指标用以衡量组织施工的水平，它是对施工组织设计文件的技术经济效益进行全面评价。

1.3.1.2　**施工组织设计的分类及其内容**

根据施工组织设计编制的广度、深度和作用的不同,可分为施工组织总设计、单位工程施工组织设计和分项工程施工组织设计(或称分项工程作业设计)。

1. 施工组织总设计的内容

施工组织总设计是以整个建设工程项目为对象(如一个工厂、一个机场、一个道路工程(包括桥梁)、一个居住小区等)而编制的。它是对整个建设工程项目施工的战略部署,是指导全局性施工的技术和经济纲要。施工组织总设计的主要内容如下:

(1)建设项目的工程概况。

(2)施工部署及其核心工程的施工方案。

(3)全场性施工准备工作计划。

(4)施工总进度计划。

(5)各项资源需求量计划。

(6)全场性施工总平面图设计。

(7)主要技术经济指标(项目施工工期、劳动生产率、项目施工质量、项目施工成本、项目施工安全、机械化程度、预制化程度、暂设工程等)。

2. 单位工程施工组织设计的内容

单位工程施工组织设计是以单位工程(如一栋楼房、一个烟囱、一段道路、一座桥等)为对象编制的,在施工组织总设计的指导下,由直接组织施工的单位根据施工图设计进行编制,用以直接指导单位工程的施工活动,是施工单位编制分项工程施工组织设计和季、月、旬施工计划的依据。单位工程施工组织设计根据工程规模和技术复杂程度不同,其编制内容的深度和广度也有所不同。对于简单的工程,一般只编制施工方案,并附以施工进度计划和施工平面图。单位工程施工组织设计的主要内容如下:

(1)工程概况及施工特点分析。

(2)施工方案的选择。

(3)单位工程施工准备工作计划。

(4)单位工程施工进度计划。

(5)各项资源需求量计划。

(6)单位工程施工总平面图设计。

(7)技术组织措施、质量保证措施和安全施工措施。

(8)主要技术经济指标(工期、资源消耗的均衡性、机械设备的利用程度等)。

3. 分项工程施工组织设计的内容

分项工程施工组织设计(也称为分项工程作业设计,或称分项工程施工设计)是针对某些特别重要的、技术复杂的,或采用新工艺、新技术施工的分项工程,如深基础、无黏结预应力混凝土、特大构件的吊装、大量土石方工程等为对象编制的,其内容具体、详细,可操作性强,是直接指导分项工程施工的依据。分项工程施工组织设计的主要内容如下:

(1)工程概况及施工特点分析。

(2)施工方法和施工机械的选择。

(3)分项工程的施工准备工作计划。

(4)分项工程的施工进度计划。

(5)各项资源需求量计划。

(6)技术组织措施、质量保证措施和安全施工措施。

(7)作业区施工平面布置图设计。

1.3.2 施工组织设计的编制方法

1.3.2.1 施工组织设计的编制原则

(1)重视工程的组织对施工的作用。

(2)提高施工的工业化程度。

(3)重视管理创新和技术创新。

(4)重视工程施工的目标控制。

(5)积极采用国内外先进的施工技术。

(6)充分利用时间和空间,合理安排施工顺序,提高施工的连续性和均衡性。

(7)合理部署施工现场,实现文明施工。

1.3.2.2 施工组织总设计和单位工程施工组织设计的编制依据

1.施工组织总设计的编制依据

(1)计划文件。

(2)设计文件。

(3)合同文件。

(4)建设地区基础资料。

(5)有关的标准、规范和法律。

(6)类似建设工程项目的资料和经验。

2.单位工程施工组织设计的编制依据

(1)建设单位的意图和要求,如工期、质量、预算要求等。

(2)工程的施工图纸及标准图。

(3)施工组织设计对本单位工程的工期、质量和成本的控制要求。

(4)资源配置情况。

(5)建筑环境、场地条件及地质、气象资料,如工程地质勘测报告、地形图和测量控制等。

(6)有关的标准、规范和法律。

(7)有关技术新成果和类似建设工程项目的资料和经验。

1.3.2.3 施工组织总设计的编制程序

(1)收集和熟悉编制施工组织总设计所需的有关资料和图纸,进行项目特点和施工条件的调查研究。

(2)计算主要工种工程的工程量。

(3)确定施工的总体部署。

(4)拟订施工方案。

(5)编制施工总进度计划。

(6)编制资源需求量计划。

(7)施工总平面图设计。

(8)计算主要技术经济指标。

应该指出,以上顺序中有些顺序必须这样,不可逆转,例如:拟订施工方案后才可编制施工进度计划(因为进度的安排取决于施工的方案);编制施工总进度计划后才可编制资源需求量计划(因为资源需求量计划要反映各种资源在时间上的需求)。

但是在以上顺序中也有些顺序应该根据具体项目而定,如确定施工的总体部署和拟订施工方案,两者有紧密的联系,往往可以交叉进行。

单位工程施工组织设计的编制程序与施工组织总设计的编制程序非常类似,此不赘述。

1.4　目标的动态控制

1.4.1　项目目标的动态控制方法

在项目实施过程中必须随着情况的变化进行项目目标的动态控制。项目目标的动态控制是项目管理最基本的方法论。

项目目标动态控制的工作程序如下:

(1)项目目标动态控制的准备工作:将项目的目标进行分解,以确定用于目标控制的计划值。

(2)在项目实施过程中项目目标的动态控制有:

①收集项目目标的实际值,如实际投资、实际进度等。

②定期(如每两周或每月)进行项目目标的计划值和实际值的比较。

③通过项目目标的计划值和实际值的比较,如有偏差,则采取纠偏措施进行纠偏。

(3)项目目标动态控制的纠偏措施主要包括:

①组织措施。分析由于组织的原因而影响项目目标实现的问题,并采取相应的措施,如调整项目组织结构、任务分工、管理职能分工、工作流程组织和项目管理班子人员等。

②管理措施(包括合同措施)。分析由于管理的原因而影响项目目标实现的问题,并采取相应的措施,如调整进度管理的方法和手段,改变施工管理和强化合同管理等。

③经济措施。分析由于经济的原因而影响项目目标实现的问题,并采取相应的措施,如落实加快工程施工进度所需的资金等。

④技术措施。分析由于技术(包括设计和施工的技术)的原因而影响项目目标实现的问题,并采取相应的措施,如调整设计、改进施工方法和改变施工机具等。

(4)如有必要,则进行项目目标的调整,目标调整后再回复到第一步。

项目目标动态控制的核心是,在项目实施的过程中定期地进行项目目标的计划值和实际值的比较,当发现项目目标偏离时采取纠偏措施。为避免项目目标偏离的发生,还应重视事前的主动控制。

1.4.2 动态控制方法在施工管理中的应用

1.4.2.1 进度动态控制方法

工程进度目标的逐层分解是从项目实施开始前和在项目实施过程中,逐步地由宏观到微观,由粗到细编制深度不同的进度计划的过程。对于大型建设工程项目,应通过编制工程总进度规划、工程总进度计划、项目各子系统和各子项目工程进度计划等进行项目工程进度目标的逐层分解。

比较工程进度的计划值和实际值时应注意,其对应的工程内容应一致。进度的计划值和实际值的比较应是定量的数据比较,比较的成果是进度跟踪和控制报告。

1.4.2.2 投资动态控制方法

项目投资目标的分解指的是通过编制项目投资规划,分析和论证项目投资目标实现的可能性,并对项目投资目标进行分解。

投资控制包括设计过程的投资控制和施工过程的投资控制,其中前者更为重要。

在设计过程中投资的计划值和实际值的比较即工程概算与投资规划的比较,以及工程预算与概算的比较。在施工过程中投资的计划值和实际值的比较包括:

(1)工程合同价与工程概算的比较。

(2)工程款支付与工程概算的比较。

(3)工程款支付与工程预算的比较。

(4)工程款支付与工程合同价的比较。

(5)工程决算与工程概算、工程预算和工程合同价的比较。

由上可知,投资的计划值和实际值是相对的,如:相对于工程预算而言,工程概算是投资的计划值;相对于工程合同价而言,则工程概算和工程预算都可作为投资的计划值等。

1.5 施工方项目管理机构与人员

1.5.1 项目经理部

随着社会主义市场经济的建立,施工项目管理已在各类工程建设施工中全面推行,而在施工项目管理中,项目经理部是施工项目管理的工作班子,是施工项目管理的组织保证。因此,只有组建一个好的施工项目经理部,才能有效地实现施工项目管理目标,完成施工项目管理任务。

1.5.1.1 建立施工项目经理部的基本原则

(1)根据所设计的项目组织形式设置经理部。

不同的组织形式对项目经理部的管理力量和管理职责提出了不同的要求,同时也提供了不同的管理环境。

(2)根据工程项目的规模、复杂程度和专业特点设置项目经理部。规模大小不同,职能部门的设置也不同。

(3)项目经理部是一个具有弹性的、一次性的施工管理组织,可以随工程任务的变化而调整。在工程项目施工开始前建立,在工程竣工交付使用后,项目管理任务全面完成,项目经理部解体。

1.5.1.2 施工项目经理部的部门设置和人员配置

施工项目经理部的部门设置和人员设置应满足施工全过程项目管理的需要,既要尽量地减小其规模,又要保证能够高效率运转,所确定的各层次的管理跨度要科学合理。

一般情况下,项目经理部下设的部门应包括:

(1)经营核算部门。主要负责预算、合同、索赔、资金收支、成本核算、劳动配置及劳动分配等工作。

(2)工程技术部门。主要负责生产调度、文明施工、技术管理、施工组织设计、计划统计等工作。

(3)物资设备部门。主要负责材料的询价、采购、计划供应、管理、运输、工具管理、机械设备的租赁配套使用等工作。

(4)监控管理部门。主要负责工作质量、安全管理、消防保卫、环境保护等工作。

(5)测试计量部门。主要负责计量、测量、试验等工作。

施工项目经理部的人员配置可根据具体工程项目情况而定,除设置经理、副经理外,还要设置总工程师、总经济师和总会计师以及按职能部门配置的其他专业人员。技术业务管理人员的数量根据工程项目的规模大小而定,一般情况下不少于现场施工人员的5%。

1.5.1.3 施工项目经理部的运作

成立施工项目经理部,建立有效的管理组织是项目经理的首要职责,它是一个持续的过程,需要有较高的领导技巧。项目经理部应该结构健全,包括项目管理的所有工作。在建立各个管理部门时,要选择适当的人员,形成一个能力和专业知识相互配合、相互补充的统一的工作群体。项目经理部要保持最小规模,最大可能地使用现有部门中的职能人员。项目经理的目标是把所有成员的思想和力量集中起来,形成一个统一整体,使各成员为了一个共同的项目目标而努力。

项目经理要明确经理部中的人员安排,宣布对成员的授权,指出各个成员的职权使用范围和应注意的问题。例如对每个成员的职责及相互间的活动进行明确定义和分工,使大家知道各自的岗位有什么责任?该做什么?如何做?需要什么条件?达到什么效果?项目经理要制定项目管理规范、各种管理活动的优先级关系,部门间相互沟通的渠道。

项目目标和各项工作明确后,人员开始执行分配到的任务,逐步推进工作。项目经理要与成员们一起参与解决问题,共同作出决策。要能接受和容忍成员的不满和抱怨,积极解决矛盾,不能通过压制手段来使矛盾自行解决。项目经理应创造并保持一种有利的工作环境,激励人们朝预定的目标共同努力,鼓励每个人都把工作做得更出色。

项目经理应当采取参与、指导和顾问式的领导方式,而不能采取等级制的、独断的和指令式的管理方式。项目经理分解工作目标、提出要求和限制、制定规则,由组织成员自己决定怎样完成任务。随着项目工作的深入,各方应互相信任,进行很好的沟通和公开的交流,形成和谐的相互依赖关系。

1.5.2 项目经理与建造师

1.5.2.1 项目经理

建筑施工企业项目经理是指受企业法定代表人委托对工程项目施工全过程负责的项目管理者,是建筑施工企业法定代表人在工程项目上的代表人。

2003 年 2 月 27 日《国务院关于取消第二批行政审批项目和改变一批行政审批项目管理方式的决定》(国发[2003]5 号)规定:"取消建筑施工企业项目经理资质核准,由注册建造师代替,并设立过渡期"。

建筑业企业项目经理资质管理制度向建造师执业资格制度过渡的时间定为五年,即从国发[2003]5 号文印发之日起至 2008 年 2 月 27 日。过渡期内,凡持有项目经理资质证书或者建造师注册证书的人员,经其所在企业聘用后均可担任工程项目施工的项目经理。过渡期满后,大、中型工程项目施工的项目经理必须由取得建造师注册证书的人员担任;但取得建造师注册证书的人员是否担任工程项目施工的项目经理,由企业自主决定。

在全面实施建造师执业资格制度后仍然要坚持落实项目经理岗位责任制。项目经理岗位是保证工程项目建设质量、安全、工期的重要岗位。

建筑施工企业项目经理,是指受企业法定代表人委托对工程项目施工过程全面负责的项目管理者,是建筑施工企业法定代表人在工程项目上的代表人。

建造师是一种专业人士的名称,而项目经理是一个工作岗位的名称,应注意这两个概念的区别和关系。

在国际上,施工企业项目经理的地位和作用,以及其特征如下:

(1)项目经理是企业任命的一个项目的项目管理班子的负责人(领导人),但它并不一定是(多数不是)一个企业法定代表人在工程项目上的代表人,因为一个企业法定代表人在工程项目上的代表人在法律上赋予其的权限范围太大;

(2)项目经理的任务仅限于主持项目管理工作,其主要任务是项目目标的控制和组织协调;

(3)在有些文献中明确界定,项目经理不是一个技术岗位,而是一个管理岗位;

(4)项目经理是一个组织系统中的管理者,至于是否它有人权、财权和物资采购权等管理权限,则由其上级确定。

1.5.2.2 建造师

建造师是以专业技术为依托、以工程项目管理为主业的执业注册人员,近期以施工管理为主。建造师是懂管理、懂技术、懂经济、懂法规,综合素质较高的复合型人员,既要有理论水平,也要有丰富的实践经验和较强的组织能力。建造师注册受聘后,可以建造师的名义担任建设工程项目施工的项目经理,从事其他施工活动的管理,从事法律、行政法规或国务院建设行政主管部门规定的其他业务。在行使项目经理职责时,一级注册建造师可以担任《建筑业企业资质等级标准》中规定的特级、一级建筑业企业资质的建设工程项目施工的项目经理;二级注册建造师可以担任二级建筑业企业资质的建设工程项目施工的项目经理。大中型工程项目的项目经理必须逐步由取得建造师执业资格的人员担任;

但取得建造师执业资格的人员能否担任大中型工程项目的项目经理，应由建筑业企业自主决定。

建造师执业资格制度与施工项目经理责任制是两个既有区别又有联系的制度，虽然建造师与项目经理所从事的都是建设工程管理工作，但二者的定位有所不同，主要区别在于以下方面：

（1）执业范围不同。建造师执业范围较广，可涉及建设工程项目管理的许多方面，担任项目经理只是建造师执业中的一项；项目经理则仅限于企业内某一特定工程的项目管理。

（2）自由度不同。建造师选择工作的权利相对自主，可在社会市场上有序流动，有较大的活动空间，可一师多岗；项目经理岗位则是企业设定的，项目经理是企业法定代表人在建设工程项目上的委托代理人，是特定环境下的项目组织领导者。《国务院关于取消第二批行政审批项目和改变一批行政审批项目管理方式的决定》（国发[2003]5号）规定，"取消建筑施工企业项目经理资质核准，由注册建造师代替，并设立过渡期"。该规定取消的是项目经理资质的行政审批，而不是项目经理。建设部《关于建筑业企业项目经理资质管理制度向建造师执业资格制度过渡有关问题的通知》（建市[2003]86号）规定，"在全面实施建造师执业资格制度后，仍然要坚持落实项目经理岗位责任制。项目经理岗位是保证工程项目建设质量、安全、工期的重要岗位"。由此可见，建造师执业资格制度建立以后，项目经理责任制仍然要继续坚持。有变化的是，大中型工程项目施工的项目经理必须由注册建造师担任。拥有建造师注册证书是担任大中型工程施工项目经理的一项必要条件，是国家的强制性要求。但具体担任项目经理的注册建造师人选，则由企业自主决定。小型工程项目施工的项目经理可由不是注册建造师的人员担任。

建造师执业资格制度建立以后，承担建设工程项目施工的项目经理仍是施工企业所承包某一具体工程的主要负责人，他的职责是根据企业法定代表人的授权，对工程项目自开工准备至竣工验收，实施全面的组织管理。而大中型工程项目的项目经理必须由取得建造师执业资格的建造师担任，即建造师在所承担的具体工程项目中行使项目经理职权。注册建造师资格是担任大中型工程项目的项目经理之必要条件。建造师需按规定，经统一考试和注册后才能从事担任项目经理等相关活动，是国家的强制性要求，而项目经理的聘任则是企业行为。

注册建造师执业要求：

（1）注册建造师应当在其注册证书所注明的专业范围内从事建设工程施工管理活动，具体执业按照《注册建造师执业工程范围》执行。

（2）大中型工程施工项目负责人必须由本专业注册建造师担任。一级注册建造师可担任大、中、小型工程施工项目负责人，二级注册建造师可以承担中、小型工程施工项目负责人。

（3）担任施工项目负责人的注册建造师应当按照国家法律法规、工程建设强制性标准组织施工，保证工程施工符合国家有关质量、安全、环保、节能等有关规定。

(4)担任施工项目负责人的注册建造师,应当按照国家劳动用工有关规定,规范项目劳动用工管理,切实保障劳务人员合法权益。

(5)注册建造师不得同时担任两个及以上建设工程施工项目负责人。

(6)担任建设工程施工项目负责人的注册建造师应当按《注册建造师施工管理签章文件目录》和配套表格要求,在建设工程施工管理相关文件上签字并加盖执业印章,签章文件作为工程竣工备案的依据。

(7)担任建设工程施工项目负责人的注册建造师对其签署的工程管理文件承担相应责任。注册建造师签章完整的工程施工管理文件方为有效。

注册建造师有权拒绝在不合格或者有弄虚作假内容的建设工程施工管理文件上签字并加盖执业印章。

(8)担任建设工程施工项目负责人的注册建造师在执业过程中,应当及时、独立完成建设工程施工管理文件签章,无正当理由不得拒绝在文件上签字并加盖执业印章。

(9)注册建造师应当通过企业按规定及时申请办理变更注册、续期注册等相关手续。多专业注册的注册建造师,其中一个专业注册期满仍需以该专业继续执业和以其他专业执业的,应当及时办理续期注册。

注册建造师变更聘用企业的,应当在与新聘用企业签订聘用合同后的1个月内,通过新聘用企业申请办理变更手续。

因变更注册申报不及时影响注册建造师执业、导致工程项目出现损失的,由注册建造师所在聘用企业承担责任,并作为不良行为记入企业信用档案。

(10)注册建造师不得有下列行为:

①不按设计图纸施工;

②使用不合格建筑材料;

③使用不合格设备、建筑构配件;

④违反工程质量、安全、环保和用工方面的规定;

⑤在执业过程中,索贿、行贿、受贿或者谋取合同约定费用外的其他不法利益;

⑥签署弄虚作假或在不合格文件上签章的;

⑦以他人名义或允许他人以自己的名义从事执业活动;

⑧同时在两个或者两个以上企业受聘并执业;

⑨超出执业范围和聘用企业业务范围从事执业活动;

⑩未变更注册单位,而在另一家企业从事执业活动;

⑪所负责工程未办理竣工验收或移交手续前,变更注册到另一企业;

⑫伪造、涂改、倒卖、出租、出借或以其他形式非法转让资格证书、注册证书和执业印章;

⑬不履行注册建造师义务和法律、法规、规章禁止的其他行为。

(11)建设工程发生质量、安全、环境事故时,担任该施工项目负责人的注册建造师应当按照有关法律法规规定的事故处理程序及时向企业报告,并保护事故现场,不得隐瞒。

(12)任何单位和个人可向注册建造师注册所在地或项目所在地县级以上地方人民政府建设主管部门和有关部门投诉、举报注册建造师的违法、违规行为,并提交相应材料。

1.5.2.3 项目经理的任务

项目经理在承担项目施工管理过程中,应当按照建筑施工企业与建设单位签订的工程承包合同,与本企业法定代表人签订项目承包合同,并在企业法定代表人授权范围内,行使管理权力。

项目经理不仅要考虑项目的利益,还应服从企业的整体利益。

项目经理的任务包括项目的行政管理和项目管理两个方面。

(1)项目经理在承担工程项目施工管理过程中,履行下列职责:

①贯彻执行国家和工程所在地政府的有关法律、法规和政策,执行企业的各项管理制度;

②严格财务制度,加强财政管理,正确处理国家、企业与个人的利益关系;

③执行项目承包合同中由项目经理负责履行的各项条款;

④对工程项目施工进行有效控制,执行有关技术规范和标准,积极推广应用新技术,确保工程质量和工期,实现安全、文明生产,努力提高经济效益。

(2)项目经理在承担工程项目施工的管理过程中,应当按照建筑施工企业与建设单位签订的工程承包合同,与本企业法定代表人签订项目承包合同,并在企业法定代表人授权范围内,行使以下管理权力:

①组织项目管理班子;

②以企业法定代表人的代表身份处理与所承担的工程项目有关的外部关系,受托签署有关合同;

③指挥工程项目建设的生产经营活动,调配并管理进入工程项目的人力、资金、物资、机械设备等生产要素;

④选择施工作业队伍;

⑤进行合理的经济分配;

⑥企业法定代表人授予的其他管理权力。

1.5.2.4 项目经理的责任

在项目实施之前,企业法定代表人或其授权人与项目经理协商制定项目管理目标责任书。项目经理具有一定的职责和权限。

项目经理承担施工安全和质量的责任。项目经理在工程项目施工中处于中心地位,对工程项目施工负有全面管理的责任。

项目经理由于主观原因或工作失误,有可能承担法律责任和经济责任。

(1)要加强对建筑业企业项目经理市场行为的监督管理,对发生重大工程质量安全事故或市场违法违规行为的项目经理,必须依法予以严肃处理。

(2)工程项目施工应建立以项目经理为首的生产经营管理系统,实行项目经理负责制。项目经理在工程项目施工中处于中心地位,对工程项目施工负有全面管理的责任。

1.6 项目法人制

项目法人制即项目法人责任制。项目法人责任制是指经营性建设项目由项目法人对项目的策划、资金筹措、建设实施、生产经营、偿还债务和资产的保值增值实行全过程负责的一种项目管理制度。

1.6.1 项目法人的组成

投资各方在酝酿建设项目的同时,即可组建并确立项目法人,做到先有法人,后有项目。

国有单一投资主体投资建设的项目,应设立国有独资公司;两个及两个以上投资主体合资建设的项目,要组建规范的有限责任公司或股份有限公司。具体办法按《中华人民共和国公司法》、《有限责任公司规范意见》、《股份有限公司规范意见》和国家计划委员会颁发的《关于建设项目实行业主责任制的暂行规定》等有关规定执行,以明晰产权,分清责任,行使权力。独资公司、有限责任公司、股份有限公司或其他项目建设组织即为项目法人。

1.6.2 项目法人的职责

由于甲、乙类水利工程项目的功能和作用不同,其主要职责也有差别。

(1)乙类项目(以经济效益为主)。

国家计委计建设[1996]673 号规定,“由项目法人对项目的策划、资金筹措、建设实施、生产经营、债务偿还和资产的保值和增值,实行全过程负责。”

(2)甲类项目(以社会效益为主,公益性较强)。

国发[2000]20 号及水利部的《实施意见》(水建管[2001]74 号),项目法人对项目建设全过程负责,对项目的工程质量、工程进度和资金管理负总责。其主要职责如下:

①负责组织项目初步设计编制、审核、申报工作,办理工程报建、开工报告报批手续。

②负责组建项目法人在现场的建设管理机构。

③负责落实工程建设计划和资金。

④负责对工程质量、进度、资金等进行管理、检查和监督;按照批准的建设规模、标准、内容组织工程建设。

⑤负责协调解决好工程建设的外部条件,按照《招标投标法》《合同法》和《建设工程质量管理条例》等的有关规定。

⑥负责组织设计、施工、监理、设备采购的招标工作,与中标单位签订合同,并明确各参建单位质量终身责任人及其所应负的责任。

⑦负责按照有关验收规程组织或参与验收工作,负责组织编制竣工决算。

此外,项目法人要接受政府或水行政主管部门的检查监督和稽察,定期向其报告建设情况。

1.6.3 项目法人与参建各方的关系

项目法人与参建各方的关系是一种新型的适应社会主义市场经济机制运行的关系。实行项目法人责任制，在项目管理上要以项目法人为主体，项目法人向国家和各投资方负责；设计施工、监理、咨询、物资供应等单位通过招标投标和履行合同为项目法人提供建设服务，这是建设管理的新模式。

政府主管部门要依法对项目进行监督、协调和管理，并为项目建设和管理经营创造良好的外部环境，帮助项目法人协调解决征地拆迁、移民安置和社会治安等问题。但是要把国家或主管部门赋予项目法人的职责和自主权不折不扣地交给他们。

业主与承包商的合同中规定：业主和承包商只有责任和义务，而监理有责任和权利。从中可以看出对施工方管理时监理的地位。

业主和监理合同中规定了双方的责任义务和权利。

业主的权利如下：

(1)有权依据本合同对监理机构和监理人员的监理工作进行检查。

(2)有权选定工程设计单位和承建单位。

(3)有对工程设计变更的审批权。对工程建设质量、进度、投资方面的重大问题的最终决定权。

(4)有对工程款支付、结算的最终决定权。

(5)监理人更换总监理工程师须事前经发包人同意，并有权要求监理人更换不称职的监理人员，直至合同终止。

(6)有权要求监理人提交监理月报和监理工作范围内的专题报告。

监理的权利是：

(1)选择工程施工、设备和材料供应等单位的建议权。

(2)对承包人选择的分包项目和分包单位的确认权和否认权。

(3)协助发包人签订工程建设合同。

(4)工程建设实施设计文件的审核确认权，才能成为有效的施工依据。

(5)工程施工组织设计、施工措施、施工计划和施工技术方案的审批权。

(6)按照专用合同条款规定的金额范围，设计变更现场的处置权。

(7)按照安全和优化的原则，对工程实施中的重大技术问题自主向设计单位提出建议意见，并向发包人提出书面报告。

(8)组织协调工程建设有关各方关系的主持权。

(9)按工程建设合同规定发布开工令、停工令、返工令和复工令，发布停工令、复工令，应事先征得发包人同意。

(10)对全部工程的所有部位及其任何一项工艺、材料、构件和工程设备的检查、检验权。但上述的一切检查、检验不免除承包人按有关合同规定应负的责任。

(11)对全部工程的施工质量和工程上使用的材料、设备的检验权和确认权；安全生产和文明施工的监督权。

(12)工程施工进度的检查、监督权以及工程建设合同工期的签认权。

(13)对承包人设计和施工的临时工程的审查和监督权。

(14)工程款支付的审核和签认权,工程结算的复核确认和否认权。未经监理机构签字确认,发包人不支付任何工程项款。

(15)有权要求承包人撤换不称职的现场施工和管理人员。

(16)有权要求承包人增加和更换施工设备,由此增加的费用和工期延误责任由承包人自己承担。

第2章　水利工程项目施工成本控制

2.1　建筑安装工程费用的组成

2.1.1　建筑安装工程费用项目内容及组成概述

2.1.1.1　建筑安装工程费用项目内容

1. 建筑工程费用项目内容

(1)各类建筑工程和列入建筑工程预算的供水、供暖、卫生、通风、煤气等设备费用及其装饰、油饰工程的费用,列入建筑工程预算的各种管道、电力、电信和电缆导线敷设工程的费用。

(2)设备基础、支柱、工作台、烟囱、水塔、水池、灰塔等建筑工程以及各种炉窑的砌筑工程和金属结构工程的费用。

(3)为施工而进行的场地平整,工程和水文地质勘察,原有建筑物和障碍物的拆除以及施工临时用水、电、气、路和完工后的场地清理,环境绿化、美化等工作的费用。

(4)矿井开凿、井巷延伸、露天矿剥离,石油、天然气钻井,修建铁路、公路、桥梁、水库、堤坝、灌渠及防洪等工程的费用。

2. 安装工程费用项目内容

(1)生产、动力、起重、运输、传动和医疗、试验等各种需要安装的机械设备的装配费用,与设备相连的工作台、梯子、栏杆等设施的工程费用,附属于被安装设备的管线敷设工程费用,以及被安装设备的绝缘、防腐、保温、油漆等工作的材料费和安装费。

(2)为测定安装工程质量,对单台设备进行单机试运转、对系统设备进行系统联动无负荷试运转工作的调试费。

2.1.1.2　我国现行建筑安装工程费用项目组成

我国现行建筑安装工程费用项目主要由直接费、间接费、利润和税金四部分组成。

2.1.2　直接费

建筑安装工程直接费由直接工程费和措施费组成。

2.1.2.1　直接工程费

直接工程费是指施工过程中耗费的直接构成工程实体的各项费用,包括人工费、材料费、施工机械使用费。

1. 人工费

建筑安装工程费中的人工费,是指直接从事建筑安装工程施工的生产工人开支的各项费用。构成人工费的基本要素有两个,即人工工日消耗量和人工日工资单价。

（1）人工工日消耗量。是指在正常施工生产条件下，建筑安装产品（分部分项工程或结构构件）必须消耗的某种技术等级的人工工日数量。它由分项工程所综合的各个工序施工劳动定额包括的基本用工、其他用工两部分组成。

（2）相应等级的日工资单价包括生产工人基本工资、工资性补贴、生产工人辅助工资、职工福利费及生产工人劳动保护费。

人工费的基本计算公式为

$$人工费 = \sum(工日消耗量 \times 日工资单价)$$

2. 材料费

建筑安装工程费中的材料费，是指施工过程中耗费的构成工程实体的原材料、辅助材料、构配件、零件、半成品的费用。构成材料费的基本要素是材料消耗量、材料基价和检验试验费。

（1）材料消耗量。是指在合理使用材料的条件下，建筑安装产品（分部分项工程或结构构件）必须消耗的一定品种规格的原材料、辅助材料、构配件、零件、半成品等的数量标准。它包括材料净用量和材料不可避免的损耗量。

（2）材料基价。是指材料在购买、运输、保管过程中形成的价格，其内容包括材料原价（或供应价格）、材料运杂费、运输损耗费、采购及保管费等。

（3）检验试验费。是指对建筑材料、构件和建筑安装物进行一般鉴定、检查所发生的费用，包括自设实验室进行试验所耗用的材料和化学药品等费用，不包括新结构、新材料的试验费和建设单位对具有出厂合格证明的材料进行检验、对构件做破坏性试验及其他特殊要求检验试验的费用。

材料费的基本计算公式为

$$材料费 = \sum(材料消耗量 \times 材料基价) + 检验试验费$$

3. 施工机械使用费

建筑安装工程费中的施工机械使用费，是指施工机械作业所发生的机械使用费以及机械安拆费和场外运费。构成施工机械使用费的基本要素是施工机械台班消耗量和机械台班单价。

（1）施工机械台班消耗量，是指在正常施工条件下，建筑安装产品（分部分项工程或结构构件）必须消耗的某类某种型号施工机械的台班数量。

（2）机械台班单价。内容包括台班折旧费、台班大修理费、台班经常修理费、台班安拆费及场外运输费、台班人工费、台班燃料动力费、台班养路费及车船使用税。

施工机械使用费的基本计算公式为

$$施工机械使用费 = \sum(施工机械台班消耗量 \times 机械台班单价)$$

①折旧费：指施工机械在规定的使用期限内，陆续收回其原值及购置资金的时间价值。其计算公式为

$$台班折旧费 = \frac{机械预算价格 \times (1 - 残值率) \times 时间价值系数}{耐用总台班}$$

$$耐用总台班 = 折旧年限 \times 年工作台班 = 大修间隔台班 \times 大修周期$$

②大修理费：指施工机械按规定的大修间隔台班进行必要的大修理，以恢复其正常功能所需的费用。其计算公式如下：

$$台班大修费=\frac{一次大修费\times寿命期内大修理次数}{耐用总台班}$$

③经常修理费：指施工机械除大修理以外的各级保养和临时故障排除所需的费用。包括为保障机械正常运转所需替换与随机配备工具附具的摊销和维护费用，机械运转及日常保养所需润滑与擦拭的材料费用及机械停滞期间的维护和保养费用等。

④安拆费及场外运输费：安拆费指施工机械在现场进行安装与拆卸所需的人工、材料、机械和试运转费用以及机械辅助设施的折旧、搭设、拆除等费用；场外运输费指施工机械整体或分体自停放地点运至施工现场或由一施工地点运至另一施工地点的运输、装卸、辅助材料及架线等费用。

⑤人工费：指机上司机（司炉）和其他操作人员的工作日人工费及上述人员在施工机械规定的年工作台班以外的人工费。

⑥燃料动力费：指施工机械在运转作业中所耗用的固体燃料（煤、木柴）、液体燃料（汽油、柴油）及水、电等费用。

⑦养路费及车船使用税：指施工机械按照国家规定和有关部门规定应缴纳的养路费、车船使用税、保险费及年检费用等。

2.1.2.2 措施费

措施费是指实际施工中必须发生的施工准备和施工过程中技术、生活、安全、环境保护等方面的非工程实体项目的费用。所谓非实体性项目，一般来说，其费用的发生和金额的大小与使用时间、施工方法或者两个以上工序相关，与实际完成的实体工程量的多少关系不大，典型的是大型施工机械设备进出场及安拆、文明施工和安全防护、临时设施等。措施费项目的构成需考虑多种因素，除工程本身的因素外，还涉及水文、气象、环境、安全等因素。

我国当前的措施项目费主要包括：安全、文明施工费；夜间施工增加费；二次搬运费；冬雨季施工增加费；大型机械设备进出场及安拆费；施工排水费；施工降水费；地上地下设施、建筑物的临时保护设施费；已完工程及设备保护费；专业措施项目。

1.安全、文明施工费

建筑工程安全防护、文明施工措施费用包括环境保护费、文明施工费、安全施工费、临时设施费。

1）环境保护费

环境保护费的计算方法：

$$环境保护费=直接工程费\times环境保护费费率(\%)$$

$$环境保护费费率(\%)=\frac{本项费用年度平均支出}{全年建安产值\times直接工程费占总造价比例(\%)}$$

2）文明施工费

文明施工费的计算方法：

$$文明施工费=直接工程费\times文明施工费费率(\%)$$

$$\text{文明施工费费率}(\%)=\frac{\text{本项费用年度平均支出}}{\text{全年建安产值}\times\text{直接工程费占总造价比例}(\%)}$$

3）安全施工费

安全施工费的计算方法：

$$\text{安全施工费}=\text{直接工程费}\times\text{安全施工费费率}(\%)$$

$$\text{安全施工费费率}(\%)=\frac{\text{本项费用年度平均支出}}{\text{全年建安产值}\times\text{直接工程费占总造价比例}(\%)}$$

4）临时设施费

临时设施费的构成包括周转使用临建费、一次性使用临建费和其他临时设施费。其计算公式为：

$$\text{临时设施费}=(\text{周转使用临建费}+\text{一次性使用临建费})\times[1+\text{其他临时设施所占比例}(\%)]$$

（1）周转使用临建费的计算。

$$\text{周转使用临建费}=\sum\left[\frac{\text{临建面积}\times\text{每平方米造价}}{\text{使用年限}\times 365\times\text{利润率}(\%)}\times\text{工期}(d)\right]+\text{一次性拆除费}$$

（2）一次性使用临建费的计算。

$$\text{一次性使用临建费}=\sum\left\{\text{临建面积}\times\text{每平方米造价}\times[1-\text{残值率}(\%)]\right\}+\text{一次性拆除费}$$

（3）其他临时设施在临时设施费中所占比例，可由各地区造价管理部门依据典型施工企业的成本资料经分析后综合测定。

2. 夜间施工增加费

1）夜间施工增加费的内容

夜间施工增加费是指因夜间施工所发生的夜班补助费、夜间施工降效、夜间施工照明设备摊销及照明用电等费用。

2）夜间施工增加费的计算方法

$$\text{夜间施工增加费}=\left(1-\frac{\text{合同工期}}{\text{定额工期}}\times\frac{\text{直接工程费中的人工费合计}}{\text{平均日工资单价}}\times\text{每工日夜间施工费开支}\right)$$

3. 二次搬运费

1）二次搬运费的内容

二次搬运费是指因施工场地狭小等特殊情况而发生的二次搬运费用。

2）二次搬运费的计算方法

$$\text{二次搬运费}=\text{直接工程费}\times\text{二次搬运费费率}(\%)$$

$$\text{二次搬运费费率}(\%)=\frac{\text{年平均二次搬运费开支额}}{\text{全年建安产值}\times\text{直接工程费占总造价比例}}$$

4. 冬雨季施工增加费

1）冬雨季施工增加费的内容

冬雨季施工费是指在冬季、雨季施工期间，为了确保工程质量，采取保温、防雨措施所增加的材料费、人工费和设施费用,以及因工效和机械作业效率降低所增加的费用。

2)冬雨季施工增加费的计算方法

$$冬雨季施工增加费=直接工程费\times冬雨季施工增加费费率(\%)$$

$$冬雨季施工增加费费率(\%)=\frac{年平均冬雨季施工增加费开支额}{全年建安产值\times直接工程费占总造价比例(\%)}$$

5. 大型机械设备进出场费及安拆费

1)大型机械设备进出场及安拆费的内容

大型机械设备进出场及安拆费是指机械整体或分体自停放场地运至施工现场或由一个施工地点运至另一个施工地点,所发生的机械进出场运输及转移费用及机械在施工现场进行安装、拆卸所需的人工费、材料费、机械费、试运转费和安装所需的辅助设施的费用。

2)大型机械设备进出场及安拆费的计算方法

$$大型机械进出场及安拆费=\frac{一次进出场及安拆费\times年平均安拆次数}{年工作台班}$$

6. 施工排水费

1)施工排水费的内容

施工排水费是指为确保工程在正常条件下施工,采取各种排水措施所发生的各种费用。

2)施工排水费的计算方法

$$施工排水费=\sum 排水机械台班费\times排水周期+排水使用材料费、人工费$$

7. 施工降水费

1)施工降水费的内容

施工降水费是指为确保工程在正常条件下施工,采取各种降水措施所发生的各种费用。

2)施工降水费的计算方法

$$施工降水费=\sum 降水机械台班费\times降水周期+降水使用材料费、人工费$$

8. 地上地下设施、建筑物的临时保护设施费

地上地下设施、建筑物的临时保护设施费是指为了保护事故现场的一些成品免受其他施工工序的破坏,而在施工现场搭设一些临时保护设施所发生的费用。

这两项费用一般都以直接工程费为取费依据,根据工程所在地工程造价管理机构测定的相应费率计算支出。

9. 已完工程及设备保护费

已完工程及设备保护费是指竣工验收前,对已完工程及设备进行保护所需费用。已完工程及设备保护费可按下式计算:

$$已完工程及设备保护费=成品保护所需机械费+材料费+人工费$$

10. 专业措施项目

混凝土、钢筋混凝土模板及支架费被列为建筑工程的专业措施项目,脚手架费被列为建筑工程、装饰装修工程和市政工程的专业措施项目。

1)混凝土、钢筋混凝土模板及支架费

混凝土、钢筋混凝土模板及支架费是指混凝土施工过程中需要的各种钢模板、木模板、支架等的支、拆、运输费用及模板、支架的摊销(或租赁)费用。

模板和支架分自有和租赁两种,采用不同的计算方法。

①自有模板及支架费的计算。

$$模板及支架费=模板摊销量\times模板价格+支、拆、运输费$$

$$模板摊销量=一次使用量\times(1+施工损耗)\times\left[\frac{1+(周转次数-1)\times补损率}{周转次数}-\frac{(1-补损率)\times50\%}{周转次数}\right]$$

②租赁模板及支架费的计算。

$$租赁费=模板使用量\times使用日期\times租赁价格+支、拆、运输费$$

2)脚手架费

脚手架费是指施工需要的各种脚手架搭、拆、运输费用及脚手架的摊销(或租赁)费用。

脚手架同样分自有和租赁两种,采用不同的计算方法。

①自有脚手架费的计算。

$$脚手架搭拆费=脚手架摊销量\times脚手架价格+搭、拆、运输费$$

$$脚手架摊销费=\frac{单位一次使用量\times(1-残值率)}{耐用期\div一次使用期}$$

②租赁脚手架费的计算。

$$租赁费=脚手架每日租金\times搭设周期+搭、拆、运输费$$

2.1.3 间接费

建筑安装工程间接费是指虽不直接由施工的工艺过程所引起,但却与工程的总体条件有关的,建筑安装企业为组织施工和进行经营管理,以及间接为建筑安装生产服务的各项费用。

2.1.3.1 间接费的组成

按现行规定,建筑安装工程间接费由规费和企业管理费组成。

1.规费

规费是指政府和有关权力部门规定必须缴纳的费用。

(1)工程排污费:是指施工现场按规定缴纳的工程排污费。

(2)社会保障费。

①养老保险费:是指企业按规定标准为职工缴纳的基本养老保险费。

②失业保险费:是指企业按照国家规定标准为职工缴纳的失业保险费。

③医疗保险费:是指企业按照规定标准为职工缴纳的基本医疗保险费。

(3)住房公积金:是指企业按规定标准为职工缴纳的住房公积金。

(4)危险作业意外伤害保险费:是指按照建筑法规定,企业为从事危险作业的建筑安装施工人员支付的意外伤害保险费。

2. 企业管理费

企业管理费是指建筑安装企业组织施工生产和经营管理所需的费用,详细内容如表2-1所示。

表2-1 企业管理费的构成

序号	企业管理费的构成	详细内容
1	管理人员工资	管理人员的基本工资、工资性补贴、职工福利费、劳动保护费等
2	办公费	企业管理办公用的文具、纸张、账表、印刷、邮电、书报、会议、水电、烧水和集体取暖(包括现场临时宿舍取暖)用煤等费用
3	差旅交通费	职工因公出差、调动工作的差旅费、住勤补助费,市内交通费和误餐补助费,职工探亲路费,劳动力招募费,职工离退休、退职一次性路费,工伤人员就医路费,工地转移费以及管理部门使用的交通工具的油料、燃料、养路费及牌照费
4	固定资产使用费	管理和试验部门及附属生产单位使用的属于固定资产的房屋、设备仪器等的折旧、大修、维修或租赁费
5	工具用具使用费	管理使用的不属于固定资产的生产工具、器具、家具、交通工具和检验、试验、测绘、消防用具等的购置、维修和摊销费
6	劳动保险费	由企业支付离退休职工的易地安家补助费、职工退职金、六个月以上的病假人员工资、职工死亡丧葬补助费、抚恤费、按规定支付给离休干部的各项经费
7	工会经费	企业按职工工资总额计提的工会经费
8	职工教育经费	企业为职工学习先进技术和提高文化水平,按职工工资总额计提的费用
9	财产保险费	施工管理用财产、车辆保险
10	财务费	企业为筹集资金而发生的各种费用
11	税金	企业按规定缴纳的房产税、车船使用税、土地使用税、印花税等
12	其他	包括技术转让费、技术开发费、业务招待费、绿化费、广告费、公证费、法律顾问费、审计费、咨询费等

2.1.3.2 间接费的计算方法

$$间接费 = 取费基数 \times 间接费费率$$

间接费的取费基数有三种,分别是以直接费为计算基础、以人工费和机械费合计为计算基础,以及以人工费为计算基础。

$$间接费费率(\%) = 规费费率(\%) + 企业管理费费率(\%)$$

在不同的取费基数下，规费费率和企业管理费费率计算方法均不相同。

1. 以直接费为计算基础

1）规费费率

$$规费费率(\%)=\frac{\sum 规费缴纳标准\times 每万元发承包价计算基数}{每万元发承包价中的人工费含量}\times 人工费占直接费的比例(\%)$$

2）企业管理费费率

$$企业管理费费率(\%)=\frac{生产工人年平均管理费}{年有效施工天数\times 人工单价}\times 人工费占直接费的比例(\%)$$

2. 以人工费和机械费合计为计算基础

1）规费费率

$$规费费率(\%)=\frac{\sum 规费缴纳标准\times 每万元发承包价计算基数}{每万元发承包价中的人工费含量和机械含量}\times 100\%$$

2）企业管理费费率

$$企业管理费费率(\%)=\frac{生产工人年平均管理费}{年有效施工天数\times(人工单价+每一工日机械使用费)}\times 100\%$$

3. 以人工费为计算基础

1）规费费率

$$规费费率(\%)=\frac{\sum 规费缴纳标准\times 每万元发承包价计算基数}{每万元发承包价中的人工费含量}\times 100\%$$

2）企业管理费费率

$$企业管理费费率(\%)=\frac{生产工人年平均管理费}{年有效施工天数\times 人工单价}\times 100\%$$

2.1.4 利润及税金

建筑安装工程费用中的利润及税金是建筑安装企业职工为社会劳动所创造的那部分价值在建筑安装工程造价中的体现。

2.1.4.1 利润

利润是指施工企业完成所承包工程获得的盈利。利润的计算同样因计算基础的不同而不同。

（1）以直接费为计算基础时利润的计算方法：

$$利润=(直接费+间接费)\times 相应利润率(\%)$$

（2）以人工费和机械费合计为计算基础时利润的计算方法：

$$利润=直接费中的人工费和机械费合计\times 相应利润率(\%)$$

（3）以人工费为计算基础时利润的计算方法：

$$利润=直接费中的人工费合计\times 相应利润率(\%)$$

在建筑产品的市场定价过程中，应根据市场的竞争状况适当确定利润水平。取定的利润水平过高可能会导致丧失一定的市场机会，取定的利润水平过低又会面临很大的市场风险，相对于相对固定的成本水平来说，利润率的选定体现了企业的定价政策，利润率的确定是否合理也反映出企业的市场成熟度。

2.1.4.2 税金

建筑安装工程税金是指国家税法规定的应计入建筑安装工程费用的营业税、城市维护建设税及教育费附加。

1. 营业税

营业税是按计税营业额乘以营业税税率确定的。其中，建筑安装企业营业税税率为3%。计算公式为

$$应纳营业税 = 计税营业额 \times 3\%$$

计税营业额是含税营业额，是指从事建筑、安装、修缮、装饰及其他工程作业收取的全部收入，还包括建筑、修缮、装饰工程所用原材料及其他物资和动力的价款。当安装的设备的价值作为安装工程产值时，亦包括所安装设备的价款。但建筑安装工程总承包方将工程分包或转包给他人的，其营业额中不包括付给分包或转包方的价款。营业税的纳税地点为应税劳务的发生地。

2. 城市维护建设税

城市维护建设税是为筹集城市维护和建设资金，稳定和扩大城市、乡镇维护建设的资金来源，而对有经营收入的单位和个人征收的一种税。

城市维护建设税是按应纳营业税额乘以适用税率确定的，计算公式为

$$应纳税额 = 应纳营业税额 \times 适用税率(\%)$$

城市维护建设税的纳税地点在市区的，其适用税率为营业税的7%；所在地为县镇的，其适用税率为营业税的5%；所在地为农村的，其适用税率为营业税的1%。城建税的纳税地点与营业税纳税地点相同。

3. 教育费附加

教育费附加是按应纳营业税额乘以3%确定的，计算公式为

$$应纳税额 = 应纳营业税额 \times 3\%$$

建筑安装企业的教育费附加要与其营业税同时缴纳。即使办有职工子弟学校的建筑安装企业，也应当先缴纳教育费附加，教育部门可根据企业的办学情况，酌情返还给办学单位，作为对办学经费的补助。

纳税地点以工程项目所在地为准。

4. 税金的综合计算

在税金的实际计算过程中，通常是三种税金一并计算。由于营业税的计税依据是含税营业额，城市维护建设税和教育费附加的计税依据是应纳营业税额，又由于在计算税金时，往往已知条件是税前造价，因此税金的计算公式可以表达为

$$应纳税额 = (直接费 + 间接费 + 利润) \times 综合税率(\%)$$

综合税率的计算因企业所在地的不同而不同。

企业综合税率的计算如表 2-2 所示。

表 2-2 不同地点的税率计算

纳税地点在市区的	$税率(\%)=\frac{1}{1-3\%-(3\%\times7\%)-(3\%\times3\%)}-1$
纳税地点在县城、镇的	$税率(\%)=\frac{1}{1-3\%-(3\%\times5\%)-(3\%\times3\%)}-1$
纳税地点不在市区、县城、镇的	$税率(\%)=\frac{1}{1-3\%-(3\%\times1\%)-(3\%\times3\%)}-1$

2.2 施工成本管理与施工成本计划

2.2.1 施工成本管理的任务与措施

项目成本管理是在保证满足工程质量、工期等合同要求的前提下,对项目实施过程中所发生的费用,通过计划、组织、控制和协调等活动实现预定的成本目标,并尽可能地降低成本费用的一种科学的管理活动,它主要通过技术(如施工方案的制定比选)、经济(如核算)和管理(如施工组织管理、各项规章制度等)活动达到预定目标,实现盈利的目的。施工成本管理就是要在保证工期和质量满足要求的情况下,利用组织措施、经济措施、技术措施、合同措施把成本控制在计划范围内,并进一步寻求最大程度的成本节约。

2.2.1.1 施工成本管理的任务

施工成本管理的任务主要包括成本预测、成本计划、成本控制、成本核算、成本分析和成本考核。

1. 成本预测

施工成本预测是成本管理的第一个环节,就是依据成本的历史资料和有关信息,在认真分析当前各种技术经济条件、外界环境变化及可能采取的管理措施的基础上,对未来的成本与费用及其发展趋势所作的定量描述和逻辑推断。

施工成本预测的实质就是在施工以前对成本进行估算。通过成本预测,可以使项目经理部在满足业主和施工企业要求的前提下,选择成本低、效益好的最佳成本方案,并能够在施工项目成本形成过程中,针对薄弱环节,加强成本控制,克服盲目性,提高预见性。因此,施工项目成本预测是施工项目成本决策与计划的依据。

2. 成本计划

施工成本计划是以货币形式编制施工项目在计划期内的生产费用、成本水平、成本降低率以及为降低成本所采取的主要措施和规划的书面方案,它是建立施工项目成本管理责任制、开展成本控制和核算的基础。一般来说,一个施工项目成本计划应包括从开工到竣工所必需的施工成本,它是该施工项目降低成本的指导文件,是设立目标成本的依据,可以说,成本计划是目标成本的一种形式。

3. 成本控制

成本控制主要是指工程项目施工成本的过程控制。施工成本控制是指在施工过程中，对影响施工项目成本的各种因素加强管理，并采取各种有效措施，将施工中实际发生的各种消耗和支出严格控制在成本计划范围内，随时揭示并及时反馈，严格审查各项费用是否符合标准，计算实际成本和计划成本（目标成本）之间的差异并进行分析，消除施工中的损失浪费现象，发现和总结先进经验。

施工项目成本控制应贯穿于施工项目从投标阶段开始直到项目竣工验收的全过程，分为事先控制、事中控制和事后控制，它是企业全面成本管理的重要环节。

4. 成本核算

施工成本核算是指按照规定开支范围对施工费用进行归集，计算出施工费用的实际发生额，并根据成本核算对象，采用适当的方法，计算出该施工项目的总成本和单位成本。施工项目成本核算所提供的各种成本信息是成本预测、成本计划、成本控制、成本分析和成本考核等各个环节的依据。

5. 成本分析

成本分析是一个动态的过程，它贯穿于施工成本管理的全过程，在成本形成过程中，对施工项目成本进行的对比评价和总结工作。主要利用施工项目的成本核算资料，与计划成本、预算成本以及类似施工项目的实际成本等进行比较，了解成本的变动情况，同时也要分析主要技术经济指标对成本的影响，系统地研究成本变动原因，检查成本计划的合理性，深入揭示成本变动的规律，以便有效地进行成本管理。

影响施工项目成本变动的因素有两个方面：一是外部的属于市场经济的因素，二是内部的属于企业经营管理的因素。作为项目经理，应该了解这些因素，但应将施工项目成本分析的重点放在影响施工项目成本升降的内部因素上。

6. 成本考核

施工成本考核是指施工项目完成后，对施工项目成本形成中的各责任者，按施工项目成本目标责任制的有关规定，将成本的实际指标与计划、定额、预算进行对比和考核，评定施工项目成本计划的完成情况和各责任者的业绩，并以此给予相应的奖励和处罚。通过成本考核，做到有奖有惩、赏罚分明，才能有效地调动企业的每一个职工在各自的施工岗位上努力完成目标成本的积极性，为降低施工项目成本和增加企业的积累，做出自己的贡献。

施工成本管理的每一个环节都是相互联系和相互作用的。成本预测是成本决策的前提，成本计划是成本决策所确定目标的具体化。成本计划控制则是对成本计划的实施进行控制和监督，保证决策的成本目标的实现，而成本核算又是对成本计划是否实现的最后检验，它所提供的成本信息又对下一个施工项目成本预测和决策提供基础资料。成本考核是实现成本目标责任制的保证和实现决策目标的重要手段。

2.2.1.2 施工成本管理的措施

建设工程的投资主要发生在施工阶段，在这一阶段需要投入大量的人力、物力、资金等，是工程项目建设费用消耗最多的时期，也是施工企业成本管理最困难的阶段，因此对施工阶段的费用支出控制应给予足够的重视。

为了取得施工成本管理的理想效果，应当从多方面采取措施实施管理，通常可以将这些措施归纳为组织措施、技术措施、经济措施、合同措施。

1. 组织措施

组织措施是从施工成本管理的组织方面采取的措施，如实行项目经理责任制，落实施工成本管理的组织机构和人员，明确各级施工成本管理人员的任务和职能分工、权利和责任，编制本阶段施工成本控制工作计划和详细的工作流程图等。施工成本管理不仅是专业成本管理人员的工作，各级项目管理人员都负有成本控制责任。组织措施是其他各类措施的前提和保障，而且一般不需要增加什么费用，运用得当可以收到良好的效果。

2. 技术措施

技术措施不仅对解决施工成本管理过程中的技术问题是不可缺少的，而且对纠正施工成本管理目标偏差也有相当重要的作用。因此，运用技术纠偏措施的关键，一是要能提出多个不同的技术方案，二是要对不同的技术方案进行技术经济分析。在实践中，要避免仅从技术角度选定方案而忽视对其经济效果的分析论证。

3. 经济措施

经济措施是最易为人接受和采取的措施。管理人员应编制资金使用计划，确定、分解施工成本管理目标。对施工成本管理目标进行风险分析，并制定防范性对策。通过偏差原因分析和未完工程施工成本预测，可发现一些潜在的问题将引起未完工程施工成本的增加，对这些问题应以主动控制为出发点，及时采取预防措施。由此可见，经济措施的运用绝不仅仅是财务人员的事情。

4. 合同措施

成本管理要以合同为依据，因此合同措施就显得尤为重要。对于合同措施从广义上理解，除了参加合同谈判、修订合同条款、处理合同执行过程中的索赔问题、防止和处理好与业主和分包商之间的索赔外，还应分析不同合同之间的相互联系和影响，对每一个合同作总体和具体分析等。

2.2.2 施工成本计划的类型

对于一个施工项目而言，其成本计划的编制是一个不断深化的过程。在这一过程的不同阶段形成深度和作用不同的成本计划，按其作用可分为三类。

2.2.2.1 竞争性成本计划

竞争性成本计划是指工程项目投标及签订合同阶段的估算成本计划。这类成本计划是以招标文件中的合同条件、投标者须知、技术规程、设计图纸或工程量清单等为依据，以有关价格条件说明为基础，结合调研和现场考察获得的情况，根据本企业的工料消耗标准、水平、价格资料和费用指标，对本企业完成招标工程所需要支出的全部费用的估算。在投标报价过程中，虽也着力考虑降低成本的途径和措施，但总体上较为粗略。

2.2.2.2 指导性成本计划

指导性成本计划是指选派项目经理阶段的预算成本计划，是项目经理的责任成本目标，也可以称为概念性计划，是自上而下确定目标的计划。其成本计划是以合同标书为依据，按照企业的预算定额标准制订的设计预算成本计划，且一般情况下只是确定责任总成本指标。

2.2.2.3 实施性计划成本

实施性计划成本是指项目施工准备阶段的施工预算成本计划,是自下而上的结构分解计划。它以项目实施方案为依据,以落实项目经理责任目标为出发点,采用企业的施工定额通过施工预算的编制而形成的实施性施工成本计划。实施性成本计划要制定比较详细的工作结构分解图,尽可能把每一个阶段的项目目标及实施措施细化到计划中去,施工成本计划主要指的就是实施性成本计划。

以上三类成本计划共同构成了工程施工成本计划。其中,竞争性成本计划是项目投标阶段企业带有成本战略目的的计划,它奠定了整个施工成本的基本框架和水平。指导性成本计划是竞争性成本计划的进一步展开和深化,是施工企业进一步根据项目特点经过认真考察、计算得来的一个目标成本计划;实施性成本计划则是具体的实施方案计划,是可控制的、可操作的、具体的现场计划。

2.2.3 施工成本计划的编制依据

施工成本计划工作是一项非常重要的工作,不应仅仅把它看作是几张计划表的编制,更重要的是项目成本管理的决策过程,即选定技术上可行、经济上合理的最优降低成本方案。同时,通过成本计划把目标成本层层分解,落实到施工过程的每个环节,以调动全体职工的积极性,有效地进行成本控制。

广泛收集资料并进行归纳整理是编制成本计划的必要步骤。所需收集的资料是编制成本计划的依据。这些资料主要包括:

(1)国家和上级部门有关编制成本计划的规定。

(2)项目经理部与企业签订的承包合同及企业下达的成本降低额、降低率和其他有关技术经济指标。

(3)有关成本预测、决策的资料。

(4)施工项目的施工图预算、施工预算。

(5)施工组织设计。

(6)施工项目使用的机械设备生产能力及其利用情况。

(7)施工项目的材料消耗、物资供应、劳动工资及劳动效率等计划资料。

(8)计划期内的物资消耗定额、劳动工时定额、费用定额等资料。

(9)以往同类项目成本计划的实际执行情况及有关技术经济指标完成情况的分析资料。

(10)同行业同类项目的成本、定额、技术经济指标资料及增产节约的经验和有效措施。

(11)本企业的历史先进水平和当时的先进经验及采取的措施。

(12)国外同类项目的先进成本水平情况等资料。

此外,还应深入分析当前情况和未来的发展趋势,了解影响成本升降的各种有利和不利因素,研究如何克服不利因素和降低成本的具体措施,为编制成本计划提供丰富具体和可靠的成本资料。

2.2.4 施工成本计划的编制方法

施工成本计划工作主要是在项目经理负责下,在成本预、决策基础上进行的。编制中的关键工作是确定目标成本,这是成本计划的核心,是成本管理所要达到的目的。成本目标通常以项目成本总降低额和降低率来定量地表示。项目成本目标的方向性、综合性和预测性,决定了必须选择科学的确定目标的方法。

施工总成本目标确定之后,还需通过编制详细的实施性施工成本计划把目标成本层层分解,落实到施工过程的每个环节,有效地进行成本控制。施工成本计划的编制方式有以下几种。

2.2.4.1 按施工成本组成编制施工成本计划的方法

施工成本可以按成本组成分解为人工费、材料费、施工机械使用费、措施费和间接费,编制按施工成本组成分解的施工成本计划。

2.2.4.2 按项目组成编制施工成本计划的方法

大中型工程项目通常是由若干单项工程构成的,而每个单项工程包括了多个单位工程,每个单位工程又是由若干个分部分项工程所构成的。因此,首先要把项目总施工成本分解到单项工程和单位工程中,再进一步分解为分部工程和分项工程。

在完成施工项目成本目标分解之后,接下来就要具体地分配成本,编制分项工程的成本支出计划。

在编制成本支出计划时,要在项目总的方面考虑总的预备费,也要在主要的分项工程中安排适当的不可预见费,避免在具体编制成本计划时,可能发现个别单位工程或工程量表中某项内容的工程量计算有较大出入,使原来的成本预算失实,并在项目实施过程中对其尽可能地采取一些措施。

2.2.4.3 按工程进度编制施工成本计划的方法

编制按工程进度的施工成本计划,通常可利用控制项目进度的网络图进一步扩充而得,即在建立网络图时,一方面确定完成各项工作所需花费的时间,另一方面同时确定完成这一工作的合适的施工成本支出计划。在实践中,将工程项目分解为既能方便地表示时间,又能方便地表示施工成本支出计划的工作是不容易的,通常如果项目分解程度对时间控制合适的话,则对施工成本支出计划可能分解过细,以至于不可能对每项工作确定其施工成本支出计划;反之亦然。因此,在编制网络计划时,应在充分考虑进度控制对项目划分要求的同时,还要考虑确定施工成本支出计划对项目划分的要求,做到二者兼顾。

按工程进度编制施工成本计划的表现形式是通过对施工成本目标按时间进行分解,在网络计划基础上,可获得项目进度计划的横道图,并在此基础上编制成本计划。其表示方式有两种:一种是在时标网络图上按月编制的成本计划;另一种是利用时间成本累积曲线(S 形曲线)表示。其中时间—成本累积曲线的绘制步骤如下:

(1)确定工程项目进度计划,编制进度计划的横道图。

(2)根据每单位时间内完成的实物工程量或投入的人力、物力和财力,计算单位时间(月或旬)的成本,在时标网络图上按时间编制成本支出计划。

(3)计算规定时间 t 计划累计支出的成本额,其计算方法为:各单位时间计划完成的

成本额累加求和,其公式为

$$Q_t = \sum_{n=1}^{t} q_n$$

式中 Q_t——某时间 t 内计划累计支出成本额;

q_n——单位时间 n 的计划支出成本额;

t——某规定计划时刻。

(4)按各规定时间的 Q_t 值,绘制 S 形曲线。

每一条 S 形曲线都对应某一特定的工程进度计划。因为在进度计划的非关键线路中存在许多有时差的工序或工作,因而 S 形曲线(成本计划值曲线)必然包络在由全部工作都按最早开始时间开始和全部工作都按最迟必须开始时间开始的曲线所组成的“香蕉图”内。项目经理可根据编制的成本支出计划来合理安排资金,同时项目经理也可以根据筹措的资金来调整 S 形曲线。

一般而言,所有工作都按最迟开始时间开始,对节约资金贷款利息是有利的;但同时也降低了项目按期竣工的保证率,因此项目经理必须合理地确定成本支出计划,达到既能节约成本支出,又能控制项目工期的目的。

以上三种编制施工成本计划的方法并不是相互独立的,在实践中,往往是将这几种方法结合起来使用,从而达到扬长避短的效果。例如:将按项目分解项目总施工成本与按施工成本构成分解项目总施工成本两种方法相结合,横向按施工成本构成分解,纵向按子项目分解,或相反。这种分解方法有助于检查各分部分项工程施工成本构成是否完整,有无重复计算或漏算;同时还有助于检查各项具体的施工成本支出的对象是否明确或落实,并且可以从数字上校核分解的结果有无错误。或者还可将按子项目分解项目总施工成本计划与按时间分解项目总施工成本计划结合起来,一般纵向按子项目分解,横向按时间分解。

2.3 施工成本控制与成本分析

2.3.1 施工成本控制的依据

2.3.1.1 工程承包合同

施工成本控制要以工程承包合同为依据,围绕降低工程成本这个目标,从预算收入和实际成本两方面,努力挖掘增收节支潜力,以求获得最大的经济效益。

2.3.1.2 施工成本计划

施工成本计划是根据施工项目的具体情况制订的施工成本控制方案,既包括预定的具体成本控制目标,又包括实现控制目标的措施和规划,是施工成本控制的指导文件。

2.3.1.3 进度报告

进度报告提供了每一时刻工程实际完成量、工程施工成本实际支付情况等重要信息。施工成本控制工作正是通过实际情况与施工成本计划相比较,找出二者之间的差别,分析偏差产生的原因,从而采取措施改进以后的工作。此外,进度报告有助于管理者及时发现工程实施中存在的问题，并在事态还未造成重大损失之前采取有效措施，尽量避免损失。

2.3.1.4 工程变更

在项目的实施过程中，由于各方面的原因，工程变更是很难避免的。工程变更一般包括设计变更、进度计划变更、施工条件变更、技术规范与标准变更、施工次序变更、工程数量变更等。一旦出现变更，工程量、工期、成本都必将发生变化，从而使得施工成本控制工作变得更加复杂和困难。因此，施工成本管理人员就应当通过对变更要求当中各类数据的计算、分析，随时掌握变更情况，包括已发生工程量、将要发生工程量、工期是否拖延、支付情况等重要信息，判断变更以及变更可能带来的索赔额度等。

除上述几种施工成本控制工作的主要依据外，有关施工组织设计、分包合同文本等也都是施工成本控制的依据。

2.3.2 施工成本控制的步骤

在确定了施工成本计划之后，必须定期地进行施工成本计划值与实际值的比较，当实际值偏离计划值时，分析产生偏差的原因，采取适当的纠偏措施，以确保施工成本控制目标的实现。其步骤如下。

2.3.2.1 比较

按照某种确定的方式将施工成本计划值与实际值逐项进行比较，以发现施工成本是否已超支。

2.3.2.2 分析

在比较的基础上，对比较的结果进行分析，以确定偏差的严重性及偏差产生的原因。这一步是施工成本控制工作的核心，其主要目的在于找出产生偏差的原因，从而采取有针对性的措施，减少或避免相同原因的再次发生或减少由此造成的损失。

2.3.2.3 预测

根据项目实施情况估算整个项目完成时的施工成本。预测的目的在于为决策提供支持。

2.3.2.4 纠偏

当工程项目的实际施工成本出现了偏差，应当根据工程的具体情况、偏差分析和预测的结果，采取适当的措施，以期达到使施工成本偏差尽可能小的目的。纠偏是施工成本控制中最具实质性的一步。只有通过纠偏，才能最终达到有效控制施工成本的目的。

对偏差原因进行分析的目的是为了有针对性地采取纠偏措施，从而实现成本的动态控制和主动控制。纠偏首先要确定纠偏的主要对象，偏差原因有些是无法避免和控制的，如客观原因，充其量只能对其中少数原因做到防患于未然，力求减少该原因所产生的经济损失。在确定了纠偏的主要对象之后，就需要采取有针对性的纠偏措施。纠偏可采取组织措施、经济措施、技术措施和合同措施等。

2.3.2.5 检查

检查是指对工程的进展进行跟踪和检查，及时了解工程进展状况以及纠偏措施的执行情况和效果，为今后的工作积累经验。

2.3.3 施工成本控制的方法

成本控制的方法很多,而且具有一定的随机性。也就是在什么情况下,就要采用与之相适应的控制手段和控制方法。这里就一般常用的成本控制方法论述如下。

2.3.3.1 施工成本的过程控制法

项目施工成本的控制法是在成本发生和形成的过程中对成本进行的监督检查,成本的发生与形成是一个动态的过程,这就决定了成本的控制也是一个动态的过程,也可称为成本的过程控制。成本的过程控制主控对象与内容如下。

1. 人工费控制

人工费占全部工程费用的比例较大,一般都在10%左右,所以要严格控制人工费。要从用工数量控制,有针对性地减少或缩短某些工序的工日消耗量,从而达到降低工日消耗,控制工程成本的目的。

2. 材料费的控制

材料费一般占全部工程费的65%～75%,直接影响工程成本和经济效益。一般做法是要按量、价分离的原则,主要做好以下两个方面的工作:

一是对材料用量进行控制:首先是坚持按定额确定材料消耗量,实行限额领料制度;其次是改进施工技术,推广使用降低料耗的各种新技术、新工艺、新材料;最后是对工程进行功能分析,对材料进行性能分析,力求用低价材料代替高价材料,加强周转料管理,延长周转次数等。

二是对材料价格进行控制:主要由采购部门在采购中加以控制。首先对市场行情进行调查,在保质保量前提下,货比三家,择优购料;其次是合理组织运输,就近购料,选用最经济的运输方式,以降低运输成本;最后是要考虑奖金的时间价值,减少资金占用,合理确定进货批量与批次,尽可能降低材料储备。

3. 机械费的控制

尽量减少施工中所消耗的机械台班量,通过合理施工组织、机械调配,提高机械设备的利用率和完好率,同时加强现场设备的维修、保养工作,降低大修、经常性修理等各项费用的开支,避免不正当使用造成机械设备的闲置;加强租赁设备计划的管理,充分利用社会闲置机械资源,从不同角度降低机械台班价格。从经济的角度管制工程成本还包括对参与成本控制的部门和个人给予奖励的措施。

4. 构件加工费和分包工程费的控制

在市场经济体制下,钢门窗、木制成品、混凝土构件、金属构件和成型钢筋的加工,以及打桩、土方、吊装、安装、装饰和其他专项工程(如屋面防水等)的分包,都要通过经济合同来明确双方的权利和义务。在签订这些经济合同时,特别要坚持“以施工图预算控制合同金额”的原则,绝不允许合同金额超过施工图预算。根据部分工程的历史资料综合测算,上述各种合同金额的总和占全部工程造价的55%～70%。由此可见,将构件加工和分包工程的合同金额控制在施工图预算以内是十分重要的。如果能做到这一点,实现预期的成本目标,就有了相当大的把握。

2.3.3.2 赢得值(挣值)法

在项目实施过程中,其费用和进度之间联系非常紧密。如果压缩费用,资源投入会减少,相应的进度会受影响;如果赶进度,或项目持续时间过长,又可能使费用上升。因此,在进行项目的费用控制和进度控制时,还要考虑到费用与进度的协调控制,设法使这两个控制指标达到最优。美国国防部于1967年首次确定了赢得值(挣值)法,近年来受到了极大的关注。

赢得值法是以完成工作预算的赢得值为基础,用三个基本值量测项目的费用和进度,反映项目进展状况的项目管理整体技术方法。该方法通过测量和计算已完工作的预算费用与实际费用和计划工作的预算费用,得到有关计划实施的费用和进度偏差、评价指标,通过这些指标预测项目完工时的估算,从而达到判断项目费用、进度计划执行情况。

1. 赢得值法的三个基本参数

1)已完工作预算费用

已完工作预算费用(*BCWP*),是指在某一时间已经完成的工作(或部分工作),以批准认可的预算为标准所需要的资金总额,由于业主正是根据这个值为承包人完成的工作量支付相应的费用,也就是承包人获得(挣得)的金额,故称赢得值或挣值。

$$\text{已完工作预算费用}(BCWP)=\text{已完成工作量}\times\text{预算单价}$$

它主要反映该项目任务按合同计划实施的进展状况。这个参数具有反映费用和进度执行效果的双重特性,回答了这样的问题:“到底完成了多少工作量?”

2)计划工作预算费用

计划工作预算费用(*BCWS*),是根据进度计划,在某一时刻应当完成的工作(或部分工作),以预算为标准所需要的资金总额,一般来说,除非合同有变更,*BCWS* 在工程实施过程中应保持不变。

$$\text{计划工作预算费用}(BCWS)=\text{计划工作量}\times\text{预算单价}$$

它是项目进度执行效果的参数,反映按进度计划应完成的工作量,不表明按进度计划的实际费用消耗量,回答了这样的问题:“到该日期原来计划费用是多少?”

3)已完工作实际费用

已完工作实际费用(*ACWP*),即到某一时刻为止,已完成的工作(或部分工作)所实际花费的总金额。

$$\text{已完工作实际费用}(ACWP)=\text{已完成工作量}\times\text{实际单价}$$

它是指项目实施过程中对执行效果进行检查时,在指定时间内已完成任务(包括已全部完成和部分完成的各单项任务)所实际花费的费用,回答了这样的问题:“我们到底花费了多少费用?”

2. 赢得值法的四个评价指标

赢得值法的四个评价指标是由三个基本参数导出的。

1)费用偏差 *CV*

$$\text{费用偏差}(CV)=\text{已完工作预算费用}(BCWP)-\text{已完工作实际费用}(ACWP)$$

当 $CV<0$ 时,表明项目运行超出预算费用;当 $CV>0$ 时,表明项目运行节支;当 $CV=0$ 时,表明项目运行符合预算费用。

2)进度偏差 SV

进度偏差(SV) = 已完工作预算费用($BCWP$)—计划工作预算费用($BCWS$)

当 $SV<0$ 时,表明进度延误;当 $SV>0$ 时,表明进度提前;当 $SV=0$ 时,表明符合进度计划。

3)费用绩效指数(CPI)

费用绩效指数(CPI) = 已完工作预算费用($BCWP$)/已完工作实际费用($ACWP$)

当 $CPI<1$ 时,表明超支,实际费用高于预算费用;当 $CPI>1$ 时,表明节约,实际费用低于预算费用;当 $CPI=1$ 时,表明实际费用等于预算费用。

4)进度绩效指数 SPI

进度绩效指数(SPI) = 已完工作预算费用($BCWP$)/计划工作预算费用($BCWS$)

当 $SPI<1$ 时,表明进度延误,实际进度比计划进度拖后; 当 $SPI>1$ 时,表明进度提前,实际进度比计划进度快;当 $SPI=1$ 时,表明实际进度等于计划进度。

3. 偏差分析的方法

偏差分析可采用不同的方法,常用的有横道图法、表格法和曲线法。

1)横道图法

用横道图法进行费用偏差分析,是用不同的横道标识已完工作预算费用($BCWP$)、计划工作预算费用($BCWS$)和已完工作实际费用($ACWP$),横道的长度与其金额成正比例。它反映的信息量少,一般在管理高层应用。

2)表格法

表格法是进行偏差分析最常用的一种方法。可以根据项目的具体情况、数据来源、投资控制工作的要求等条件来设计表格,因而适用性较强,表格法的信息量大,可以反映各种偏差变量和指标,对全面深入地了解项目投资的实际情况非常有益;另外,表格法还便于用计算机辅助管理,提高投资控制工作的效率。

3)曲线法

曲线法是用投资时间曲线进行偏差分析的一种方法。在用曲线法进行偏差分析时,通常有三条投资曲线,即已完工程实际投资曲线 a,已完工程计划投资曲线 b 和拟完工程计划投资曲线 p,如图 2-1 所示,图中曲线 a 和 b 的竖向距离表示投资偏差,曲线 p 和 b 的水平距离表示进度偏差。图中所反映的是累计偏差,而且主要是绝对偏差。用曲线法进行偏差分析,具有形象直观的优点,但不能直接用于定量分析,如果能与表格法结合起来,则会取得更好的效果。

2.3.4 施工成本分析的方法

2.3.4.1 施工成本分析的依据

施工成本分析,就是根据会计核算、业务核算和统计核算提供的资料,对施工成本的形成过程和影响成本升降的因素进行分析,以寻求进一步降低成本的途径;另外,通过成本分析,可从账簿、报表反映的成本现象看清成本的实质,从而增强项目成本的透明度和可控性,为加强成本控制,实现项目成本目标创造条件。施工成本分析的依据分别是会计核算、业务核算、统计核算三种,以会计核算为主。

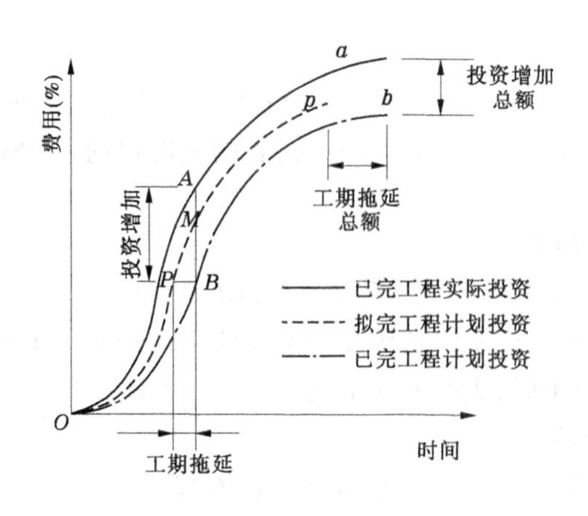

图2-1　三种投资参数曲线

1. 会计核算

会计核算主要是价值核算。会计是对一定单位的经济业务进行计量、记录、分析和检查，做出预测，参与决策，实行监督，旨在实现最优经济效益的一种管理活动。它通过设置账户、复式记账、填制和审核凭证、登记账簿、成本计算、财产清查和编制会计报表等一系列有组织、有系统的方法，来记录企业的一切生产经营活动，然后据以提出一些用货币来反映的有关各种综合性经济指标的数据。资产、负债、所有者权益、营业收入、成本、利润等会计六要素指标，主要是通过会计来核算。由于会计记录具有连续性、系统性、综合性等特点，所以它是施工成本分析的重要依据。

2. 业务核算

业务核算是各业务部门根据业务工作的需要而建立的核算制度，它包括原始记录和计算登记表，如单位工程及分部分项工程进度登记，质量登记，工效、定额计算登记，物资消耗定额记录，测试记录等。业务核算的范围比会计、统计核算要广，会计和统计核算一般是对已经发生的经济活动进行核算，而业务核算不但可以对已经发生的，而且还可以对尚未发生或正在发生的或尚在构思中的经济活动进行核算，看是否可以做，是否有经济效果。它的特点是，对个别的经济业务进行单项核算。只是记载单一的事项，最多是略有整理或稍加归类，不求提供综合性、总括性指标。核算范围不太固定，方法也很灵活，不像会计核算和统计核算那样有一套特定的、系统的方法。例如各种技术措施、新工艺等项目，可以核算已经完成的项目是否达到原定的目的，取得预期的效果，也可以对准备采取措施的项目进行核算和审查，看是否有效果，值不值得采纳，随时都可以进行。业务核算的目的在于迅速取得资料在经济活动中及时采取措施进行调整。

3. 统计核算

统计核算是利用会计核算资料和业务核算资料，把企业生产经营活动客观现状的大量数据，按统计方法加以系统整理，表明其规律性。它的计量尺度比会计宽，可以用货币计算，也可以用实物或劳动量计量。它通过全面调查和抽样调查等特有的方法，不仅能提供绝对数指标，还能提供相对数和平均数指标，可以计算当前的实际水平，确定变动速度，可以预测发展的趋势。统计除主要研究大量的经济现象外，也很重视个别先进事例与典型事例的研究。有时，为了使研究的对象更有典型性和代表性，还把一些偶然性的因素或次要的枝节问题予以剔除；为了对主要问题进行深入分析，不一定要求对企业的全部经济活动做出完整、全面、时序的反映。

2.3.4.2 施工成本分析的方法

1. 成本分析的基本方法

由于施工成本涉及范围很广，需要分析的内容很多，应该在不同的情况下采用不同的分析方法，施工成本分析基本方法主要有：比较法、因素分析法、差额分析法、比率法等。

1）比较法

比较法，又称指标对比分析法，就是通过技术经济指标的对比，检查目标的完成情况，分析产生差异的原因，进而挖掘内部潜力的方法。这种方法具有通俗易懂、简单易行、便于掌握的特点，因而得到广泛的应用，但在应用时必须注意各技术经济指标的可比性。比较法的应用，通常有下列三种形式：

（1）实际指标与目标指标对比。以此检查目标完成情况，分析影响完成目标的积极因素和消极因素，以便及时采取措施，保证成本目标的实现。在进行实际指标与目标指标对比时，还应注意目标本身有无问题，如果目标本身出现问题，则应调整目标，重新正确评价实际工作的成绩。

（2）本期实际指标与上期实际指标对比。通过这种对比，可以看出各项技术经济指标的变动情况，反映施工管理水平的提高程度。

（3）与本行业平均水平、先进水平对比。通过这种对比，可以反映本项目的技术管理和经济管理与行业的平均水平和先进水平的差距，进而采取措施赶超先进水平。

2）因素分析法

因素分析法又称连环置换法。这种方法可用来分析各种因素对成本的影响程度。在进行分析时，首先要假定众多因素中的一个因素发生了变化，而其他因素则不变，然后逐个替换，分别比较其计算结果，以确定各个因素的变化对成本的影响程度。

因素分析法的计算步骤如下：

（1）确定分析对象（即所分析的技术经济指标），并计算出实际数与目标数的差异。

（2）确定该指标是由哪几个因素组成的，并按其相互关系进行排序。

（3）以目标数为基础，将各因素的目标数相乘，作为分析替代的基数。

（4）将各个因素的实际数据按照上面的排列顺序进行替换计算，并将替换后的实际数保留下来。

（5）将每次替换计算所得的结果，与前一次的计算结果相比较，两者的差异即为该因素的成本影响程度。

（6）各个因素的影响程度之和，应与分析对象的总差异相等。

必须指出，在应用因素分析法进行成本分析时，各个因素的排列顺序应该固定不变。否则，就会得出不同的计算结果，也会产生不同的结论。

3）差额分析法

差额分析法是因素分析法的一种简化形式，它利用各个因素的目标值与实际值的差额来计算其对成本的影响程度。

4)比率法

比率法是指用两个以上的指标的比例进行分析的方法。它的基本特点是:先把对比分析的数值变成相对数,再观察其相互之间的关系。常用的比率法有以下几种:

(1)相关比率法:由于项目经济活动的各个方面是相互联系、相互依存,又相互影响的,因而可以将两个性质不同而又相关的指标加以对比,求出比率,并以此来考察经营成果的好坏。例如:产值和工资是两个不同的概念,但它们的关系又是投入与产出的关系。在一般情况下,都希望以最少的工资支出完成最大的产值。因此,用产值工资率指标来考核人工费的支出水平,就很能说明问题。

(2)构成比率法:又称比重分析法或结构对比分析法。通过构成比率,可以考察成本总量的构成情况及各成本项目占成本总量的比重,同时也可看出量、本、利的比例关系(即预算成本、实际成本和降低成本的比例关系),从而为寻求降低成本的途径指明方向,

(3)动态比率法:动态比率法就是将同类指标不同时期的数值进行对比,求出比率,以分析该项指标的发展方向和发展速度。动态比率的计算,通常采用基期指数和环比指数两种方法。

2.综合成本的分析方法

所谓综合成本,是指涉及多种生产要素,并受多种因素影响的成本费用,如分部分项工程成本,月(季)度成本、年度成本等。

1)分部分项工程成本分析

由于施工项目包括很多分部分项工程,主要通过分部分项工程成本的系统分析,可以基本上了解项目成本形成的全过程,所以分部分项工程成本分析是施工项目成本分析的基础。分部分项工程成本分析的对象为已完成分部分项工程,分析的方法是:进行预算成本、目标成本和实际成本的“三算”对比,分别计算实际偏差和目标偏差,分析偏差产生的原因,为今后的分部分项工程成本寻求节约途径。

2)月(季)度成本分析

月(季)度成本分析,是施工项目定期的、经常性的中间成本分析,月(季)度成本分析的依据是当月(季)度成本报表。坚持每月(季)一次的成本分析制度,分析成本费用控制的薄弱环节,提出改进措施,让主管和员工时刻关心计划控制实施状况。这对于具有一次性特点的施工项目来说,有着特别重要的意义,因为通过月(季)度成本分析,可以及时发现问题,以便按照成本目标指定的方向进行监督和控制,保证项目成本目标的实现。月(季)度成本分析通常有以下几个方面:

(1)通过实际成本与预算成本的对比,分析当月(季)的成本降低水平;通过累计实际成本与累计预算成本的对比,分析累计的成本降低水平,预测实现项目成本目标的前景。

(2)通过实际成本与目标成本的对比,分析目标成本的落实情况,以及目标管理中的问题和不足,进而采取措施,加强成本管理,保证成本目标的落实。

(3)通过对各成本项目的成本分析,可以了解成本总量的构成比例和成本管理的薄弱环节。

(4)通过主要技术经济指标的实际与目标对比,分析产量、工期、质量、“三材”节约率、机械利用率等对成本的影响。

(5)通过对技术组织措施执行效果的分析,寻求更加有效的节约途径。

(6)分析其他有利条件和不利条件对成本的影响。

3)年度成本分析

年度成本分析的依据是年度成本报表。年度成本分析的内容,除了月(季)度成本分析的六个方面外,重点是针对下一年度的施工进展情况规划提出切实可行的成本管理措施,以保证施工项目成本目标的实现。企业成本要求一年结算一次,不得将本年成本转入下一年度。而项目成本则以项目的寿命周期为结算期,要求从开工、竣工到保修期结束连续计算,最后结算出成本总量及其盈亏。由于项目的施工周期一般较长,除进行月(季)度成本核算和分析外,还要进行年度成本的核算和分析。这不仅是为了满足企业汇编年度成本报表的需要,同时也是项目成本管理的需要。因为通过年度成本的综合分析,可以总结一年来成本管理的成绩和不足,为今后的成本管理提供经验和教训。

4)竣工成本的综合分析

一般有几个单位工程而且是单独进行成本核算(即成本核算对象)的施工项目,其竣工成本分析应以各单位工程竣工成本分析资料为基础,再加上项目经理部的经营效益(如资金调度、对外分包等所产生的效益)进行综合分析。如果施工项目只有一个成本核算对象(单位工程),就以该成本核算对象的竣工成本资料作为成本分析的依据。单位工程竣工成本分析包括竣工成本分析、主要资源节超对比分析、主要技术节约措施及经济效果分析。

通过以上分析,可以全面了解单位工程的成本构成和降低成本的来源,对今后同类工程的成本管理中有很好的参考价值。

第3章 水利工程项目施工进度控制

3.1 进度控制的目的和任务

3.1.1 水利工程项目总进度目标

项目总进度目标是指整个项目的进度目标,它是在项目决策阶段进行项目定义时确定的。在项目总进度目标确定前,首先应分析和论证目标实现的可能性。若项目总进度目标不可能实现,项目管理者应提出调整项目总进度目标的建议,提请项目决策者审议。

在项目实施阶段,项目总进度目标涉及的内容包括设计前准备阶段工作进度、设计工作进度、招标工作进度、施工前准备工作进度、施工和设备安装进度、物资采购工作进度、动用前准备工作进度。

在论证项目总进度目标时,应分析和论证上述各项工作的进度,以及上述各项工作进展之间的相互关系。

在进行项目总进度目标论证时,往往还未掌握比较详细的资料,也缺乏比较全面的有关项目发包的组织、项目实施的组织和实施技术方面的资料,以及其他有关项目实施条件的资料。因此,项目总进度目标的论证并不是单纯地编制项目总进度规划,它涉及许多项目实施的条件分析和项目实施策划方面的问题。

3.1.2 建设工程项目进度控制的目的

建设工程项目进度控制是指对工程项目建设各阶段的工作内容、工作程序、持续时间和衔接关系根据进度总目标及资源优化配置的原则编制计划并付诸实施,然后在进度计划的实施过程中经常检查实际进度是否按计划要求进行,并对实际进度与计划进度出现的偏差进行分析,进而调整、修改原计划后再付诸实施,如此循环,直至竣工验收交付使用。无论是原计划的实施,还是修改后的新计划的实施,都需要采取相应的进度控制措施予以保证。

建设工程项目进度控制的最终目的是确保建设项目按预定的时间动用或提前交付使用。建设工程进度控制的总目标是建设工期。

3.1.3 建设工程项目进度控制的任务

3.1.3.1 设计准备阶段进度控制的任务

(1)收集有关工期的信息,进行工期目标和进度控制决策。

(2)编制工程项目总进度计划。

(3)编制设计准备阶段详细工作计划,并控制其执行。

3.1.3.2 设计阶段进度控制的任务

(1)编制设计阶段工作计划,并控制其执行。

(2)编制详细的出图计划,并控制其执行。

3.1.3.3 施工阶段进度控制的任务

(1)编制施工总进度计划,并控制其执行。

(2)编制单位工程施工进度计划,并控制其执行。

(3)编制工程年、季、月作业计划,并控制其执行。

3.2 进度计划的类型及其编制步骤

3.2.1 进度计划的类型

施工进度计划按计划功能的不同分为控制性施工进度计划和实施性施工进度计划。

控制性施工进度计划是指以整个建设项目为施工对象,以项目整体交付使用时间为目标的施工进度计划。它用来确定工程项目中所包含的单项工程、单位工程或分部分项工程的施工顺序、施工期限及相互搭接关系。控制性施工进度计划为编制实施性施工进度计划提供依据。

实施性施工进度计划是在控制性施工总进度计划的指导下,以单位工程为对象,按分项工程或施工过程来划分施工项目,在选定的施工方案的基础上,根据工期要求和物资条件,具体确定各施工过程的施工时间和相互搭接关系。实施性施工进度计划确定了单位工程中各施工过程的施工顺序、持续时间及相互搭接关系,为编制年、季、月作业计划提供依据。

3.2.2 控制性施工总进度计划的编制步骤

3.2.2.1 列出施工项目名称并计算工程量

施工总进度计划主要起控制总工期的作用,主要反映各单项工程或单位工程的总体内容,因此在划分施工项目时不宜太细。

计算工程量可按初步(或扩大初步)设计图纸和定额手册(如概算指标)进行,工程量只粗略计算即可。

3.2.2.2 确定单位工程的施工期限

影响单位工程施工期限的因素很多,应根据施工条件综合考虑各因素。同时参考工期定额来确定各单位工程的施工期限。

3.2.2.3 确定各单位工程的开竣工时间和相互衔接关系

确定各单位工程的开竣工时间和相互衔接关系时,一方面要根据施工部署中的控制工期及施工项目的具体情况来确定;另一方面要使主要工种的工人连续、均衡施工,资源的消耗尽可能均衡。

3.2.2.4 安排施工总进度计划

施工总进度计划可以用横道图或网络图来表达。因施工总进度计划只起控制作用,所以不要搞得过细。

3.2.2.5 **总进度计划的调整与修正**

若某时间里资源的需求量变化较大，则需调整一些单位工程的施工速度或竣工时间，以便使各个时期的工作量尽可能均衡。

3.2.3 实施性施工进度计划的编制步骤

3.2.3.1 **确定施工过程名称**

实施性施工进度计划应明确到分项工程或更具体的细项工程，以满足施工项目实施要求。

3.2.3.2 **确定施工顺序**

施工顺序受工艺和组织两方面的制约。当施工方案确定后，各工序间的工艺顺序就确定了，而组织关系则需要考虑劳动力、机械设备、材料构件等资源安排。

3.2.3.3 **计算工程量**

工程量计算应根据工程量计算规则进行。

3.2.3.4 **确定劳动量和机械台班数**

计算公式如下：

$$P = \frac{Q}{S} \tag{3-1}$$

$$P = QH$$

式中 P——完成某施工工程所需的劳动量或机械台班数量；

Q——完成某施工工程所需的工程量；

S——某施工工程采用的产量定额；

H——某施工工程采用的时间定额。

3.2.3.5 **确定各施工过程的持续时间**

(1)定额计算法计算公式如下：

$$t = \frac{P}{RN} \tag{3-2}$$

式中 t——完成某施工过程的持续时间；

P——完成某分部分项工程所需的劳动量或机械台班数量；

R——每班安排在某分部分项工程上的工人数或机械台数；

N——每日的工作班次。

(2)倒排计划法。首先根据规定的总工期和施工经验，确定各分部分项工程的施工持续时间；然后按分部分项工程所需的劳动量或机械台班数量，确定每一分部分项工程每个工作班所需的工人人数或机械台数。则计算公式为

$$R = \frac{P}{tN} \tag{3-3}$$

确定施工持续时间，应考虑施工人员和机械所需的工作面。人员和机械的增加，可以缩短工期，但不能超过一定限度，否则工作面不充分，会影响生产效率或引发安全事故。

3.2.3.6 **编制施工进度计划**

首先安排控制工期的主导施工过程的施工进度,使其尽可能连续施工,其他穿插性的施工过程尽可能地与主导施工过程平行施工或最大限度地搭接施工。

实施性施工进度计划,可以采用横道图或网络图来表示。

3.2.3.7 **施工进度计划的检查与调整**

检查与调整的主要内容有工期是否满足要求,劳动力、物资方面的资源是否均衡等。

3.2.4 横道计划

流水施工的表达方式主要有横道图和网络图。下面以某基础工程流水施工为例介绍横道图。在横道图表示法中,横坐标表示流水施工的持续时间;纵坐标表示施工过程的名称或编号,n 条带有编号的水平线段表示 n 个施工过程或专业工作队的施工进度安排,其编号①,②…表示不同的施工段。具体表示如图 3-1 所示。

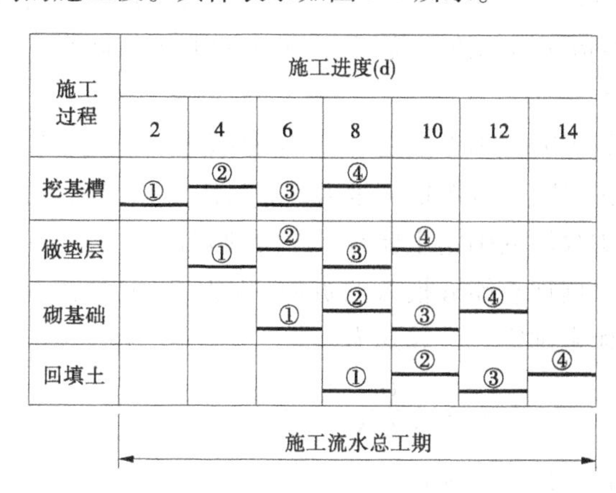

图 3-1 流水施工横道图表示法

横道图表示法的优点是:绘图简单,施工过程及其先后顺序表达清楚,时间和空间状况直观,使用方便,因而被广泛用来表达施工进度计划。

3.2.4.1 **流水施工的主要参数**

1. 工艺参数

工艺参数主要指施工过程。组织流水施工时,根据施工组织及计划安排需要而将计划任务分成的子项任务称为施工过程,施工过程的数目一般用 n 表示。

2. 空间参数

空间参数是用以表达流水施工在空间上开展状态的参数,一般包括工作面、施工段和施工层。

(1)工作面。工作面是指供某专业工种的工人或某种施工机械进行施工的活动空间。每个作业的工人或每台机械所需工作面的大小,取决于单位时间内其完成的工程量和安全施工的要求。工作面确定的合理与否,直接影响专业工作队的生产率。因此,必须合理确定工作面。

(2)施工段。将施工项目在平面上划分为若干个劳动量大致相等的施工段,这些施工段又称为流水段。施工段的数量一般用 m 表示。通常每一个施工段在某一时间内只供一个施工过程的专业工作队使用。

划分施工段的目的在于能保证不同的工作队能在不同的工作面上同时进行作业,这样消除等待、互不干扰。

(3)施工层。对于多层建筑物或需要分层施工的工程,应既分施工段,又分施工层。施工层是指在组织多层建筑物竖向流水施工时,将施工项目在竖向划分为若干个作业层,这些作业层称为施工层。通常以建筑物的结构层作为施工层,有时也为了满足专业工种对操作高度和施工工艺等的要求,也可以按一定高度划分施工层。

3. 时间参数

时间参数是指在组织流水施工时,用以表达流水施工在时间安排上所处状态的参数,主要包括流水节拍、流水步距、间歇时间、搭接时间和流水施工工期。

(1)流水节拍。是指在组织流水施工时,某个专业工作队在一个施工段上的持续时间。流水节拍通常用 t 表示。

流水节拍是流水施工的基本参数之一,决定着施工的速度和节奏。流水节拍小,则流水速度快、节奏快,单位时间内资源供应量大;同时,流水节拍也是区别流水施工组织方式的特征参数。流水节拍数值的确定主要有以下两种方式:

①定额计算法。根据现有能够投入的资源(人力、机械台数、材料量等)和各施工段的工程量以及劳动定额来确定。计算式为

$$t_i = \frac{Q_i}{S_i R_i N_i} = \frac{Q_i H_i}{R_i N_i} = \frac{P_i}{R_i N_i} \tag{3-4}$$

式中 t_i——施工过程 i 的流水节拍;

Q_i——施工过程 i 在某施工段上的工程量;

S_i——施工过程 i 的人工或机械的产量定额;

R_i——施工过程 i 的专业施工队人数或机械台数;

N_i——施工过程 i 的专业施工队每天工作班次;

H_i——施工过程 i 的人工或机械的时间定额;

P_i——施工过程 i 在某施工段上的劳动量(工日或台班)。

②工期计算法。对于某些在规定日期内必须完成的工程项目,往往采用工期倒排计算法。首先根据工期倒排进度,确定某施工过程的工作持续时间。然后确定某施工过程在某施工段上的流水节拍,若同一施工过程在各施工段上的流水节拍不等,则用估算法;若流水节拍相等,则按式(3-5)进行计算:

$$t = \frac{T}{m} \tag{3-5}$$

式中 T——某施工过程的工作延续时间;

m——某施工过程划分的施工段数。

(2)流水步距。是指组织流水施工时,相邻两个施工过程(专业工作队)相继开始施

工的最小间隔时间。流水步距通常用$K_{i,i+1}$来表示，其中$i(i=1,2,\cdots,n-1)$为专业工作队或施工过程的编号。

(3)间歇时间。是指在组织流水施工时，由于施工过程之间工艺上或组织上的需要，相邻两个施工过程在时间上不能衔接施工而必须留出的时间间隔。根据原因的不同，又可分为工艺间歇(通常以t_g表示)和组织间歇(通常以t_z来表示)。

(4)搭接时间。在组织流水施工时，相邻两个专业工作队在同一施工段上的关系，通常是前者工作全部完成，后者才能进入这个施工段开始施工。但有时为了缩短工期，在工作面允许的前提下，可以使二者搭接作业，这个搭接的持续时间称为搭接时间，通常以t_d表示。

(5)流水施工工期。是指从第一个专业工作队投入流水施工开始，到最后一个专业工作队完成流水施工为止的整个持续时间。

3.2.4.2 流水施工的基本组织方式

在流水施工中，由于流水节拍的规律不同，决定了流水步距、流水施工工期的计算方法等也不同，甚至影响到各个施工过程的专业工作队数目。因此，有必要按照流水节拍的特征将流水施工进行分类，分为有节奏流水施工、非节奏流水施工。

1.有节奏流水施工

有节奏流水施工是指在组织流水施工时，每一个施工过程在各个施工段上的流水节拍都各自相等的流水施工，它分为等节奏流水施工和异节奏流水施工。

1)等节奏流水施工

等节奏流水施工是指在组织流水施工时，同一个施工过程在各个施工段上的流水节拍都相等，不同的施工过程在各个施工段上的流水节拍也相等的流水施工方式，也称为固定节拍流水施工或全等节拍流水施工。

2)异节奏流水施工

异节奏流水施工是指在组织流水施工时，同一个施工过程在各个施工段上的流水节拍都相等，但不同的施工过程在各个施工段上的流水节拍不全相等的流水施工方式。在组织异节奏流水施工时，又可以分采用等步距和异步距两种方式。

(1)等步距异节奏流水施工。是指在组织异节奏流水施工时，按每个施工过程流水节拍之间的比例关系，成立相应数量的专业工作队而进行的流水施工，也称为加快的成倍节拍流水施工。

(2)异步距异节奏流水施工。是指组织异节奏流水施工时，每个施工队成立一个专业工作队，由其完成各施工段任务的流水施工，也称为一般的成倍节拍流水施工。

2.非节奏流水施工

非节奏流水施工是指在组织流水施工时，同一个施工过程在各个施工段上的流水节拍不全相等的流水施工。这种施工是流水施工中最常见的一种方式，也称为无节奏流水施工。

3.2.4.3 固定节拍流水施工

1. 固定节拍流水施工的特点

固定节拍流水施工是一种最理想的流水施工方式，其特点如下：

(1)所有施工过程在各个施工段上的流水节拍均相等。

(2)相邻施工过程的流水步距相等，且等于流水节拍。

2. 固定节拍流水施工的适用范围

固定节拍流水施工比较适用于施工过程较少的分部工程，而在大多数建筑工程中施工均较为复杂，施工过程也较多，要使所有的施工过程的流水节拍都相等是十分困难的，因而在实际施工中不易组织固定节拍流水。因此，固定节拍流水的组织方式适用范围不是很广泛。

3. 流水施工工期的确定

(1)不分层施工。其流水施工工期可按下式计算：

$$T = (m + n - 1) t + \sum t_g + \sum t_z - \sum t_d \tag{3-6}$$

式中 m——施工段数；

n——施工过程数；

t——流水节拍；

$\sum t_g$——工艺间歇时间之和；

$\sum t_z$——组织间歇时间之和；

$\sum t_d$——搭接时间总和。

(2)分层施工。为保证专业工作队连续施工，通常施工段数目的最小值需满足：

$$m_{\min} = n + \frac{Z_{\max} + C_{\max} - \sum t_d}{K} \tag{3-7}$$

式中 $Z_{\max}$——各施工层内各施工过程间的工艺间歇时间和组织间歇时间之和的最大值；

$C_{\max}$——各施工层间工艺间歇时间和组织间歇时间之和的最大值；

K——流水步距。

流水施工工期可用下式计算：

$$T = (mr + n - 1)t + \sum Z_1 - \sum t_d \tag{3-8}$$

式中 r——施工层数；

$\sum Z_1$——第一施工层内各施工过程间的工艺间歇时间和组织间歇时间之和。

3.2.4.4 成倍节拍流水施工

在通常情况下，很难使得各个施工过程的流水节拍都彼此相等，但是如果施工段划分得合适，保持同一施工过程在各施工段的流水节拍相等是不难实现的。这种同一施工过程在各施工段的流水节拍相等，不同施工过程的流水节拍不相等，即形成成倍节拍流水施工。成倍节拍流水施工包括一般成倍节拍流水施工和加快成倍节拍流水施工。为了缩短流水施工工期,一般可采用加快成倍节拍流水施工方式。由于一般成倍节拍流水对施工过程的流水节拍及资源限制比较少,因而在进度安排上比固定节拍和加快成倍节拍流水灵活,实际应用范围更广泛。

1. 加快成倍节拍流水施工

1)加快成倍节拍特点

(1)同一施工过程在其各个施工段上的流水节拍均相等;不同施工过程的流水节拍不相等,但其值为倍数关系。

(2)相邻施工过程的流水步距相等,且等于流水节拍的最大公约数。

2)工期的确定

加快成倍节拍流水施工通过增加专业工作队数目来缩短流水施工工期,每个施工过程由几个专业工作队共同完成,其流水施工工期的计算程序如下:

(1)计算流水步距 K_b。流水步距等于流水节拍的最大公约数:

$$K_b = \text{最大公约数}[t_i] \tag{3-9}$$

(2)确定专业工作队数目。每个施工过程成立的专业工作队数目:

$$b_i = \frac{t_i}{K_b} \tag{3-10}$$

式中 b_i——第 i 个施工过程的专业工作队数目;

t_i——第 i 个施工过程的流水节拍;

K_b——流水步距(各施工过程流水节拍的最大公约数)。

参与工程流水施工的专业工作队总数 n' 为:$n' = \sum b_j$。

(3)确定流水施工工期。

①不分层施工。其流水施工工期可按式(3-11)计算:

$$T = (m + n' - 1)K_b + \sum t_g + \sum t_z - \sum t_d \tag{3-11}$$

式中 T——流水施工工期;

m——流水施工段数;

n'——专业工作队总数,$n' = \sum b_i$;

b_i——第 i 个施工过程的专业工作队数目;

K_b——流水步距(各施工过程流水节拍的最大公约数);

$\sum t_g$—— 工艺间歇时间之和;

$\sum t_z$—— 组织间歇时间之和;

$\sum t_d$—— 搭接时间之和。

②分层施工。当分施工层进行施工时,施工段数目的最小值及流水施工工期分别可用下式计算:

$$m_{\min} = n' + \frac{Z_{\max} + C_{\max} - \sum t_d}{K_b} \tag{3-12}$$

$$T = (m \times r + n' - 1) \times K_b + \sum Z_1 - \sum t_d \quad (3\text{-}13)$$

式中 Z_{max}——各施工层内各施工过程间的工艺间歇时间和组织间歇时间之和的最大值；

C_{max}——各施工层间工艺间歇时间和组织间歇时间之和的最大值；

r——施工层数；

$\sum Z_1$—— 第一施工层内各施工过程间的工艺间歇时间和组织间歇时间之和。

2. 一般成倍节拍流水施工

组织流水施工时，同一施工过程在各施工段上的流水节拍相等，不同施工过程的流水节拍不完全相等，且每个施工过程均由一个专业工作队承担，可组织一般成倍节拍流水施工。

1）特点

（1）同一施工过程在各个施工段上的流水节拍相等。

（2）不同施工过程之间的流水节拍不全相等。

2）工期的确定

（1）确定流水步距。一般成倍节拍流水的流水步距可按下式计算：

$$K_{i,i+1} = \begin{cases} t_i & (t_i \leqslant t_{i+1}) \\ mt_i - (m-1)t_{i+1} & (t_i > t_{i+1}) \end{cases} \quad (3\text{-}14)$$

式中 $K_{i,i+1}$——第 i 个施工过程与第 $i+1$ 个施工过程间的流水步距；

t_i——第 i 个施工过程在各施工段上的流水节拍；

t_{i+1}——第 $i+1$ 个施工过程在各施工段上的流水节拍；

m——施工段数。

（2）确定流水施工工期。

①不分层施工。一般成倍节拍流水施工工期可按下式计算：

$$T = \sum K_{i,i+1} + T_n + \sum t_g + \sum t_z - \sum t_d = \sum K_{i,i+1} + mt_n + \sum t_g + \sum t_z - \sum t_d \quad (3\text{-}15)$$

式中 T_n——最后一个施工过程的总持续时间；

t_n——最后一个施工过程的流水节拍；

$\sum t_g$—— 工艺间歇时间之和；

$\sum t_z$—— 组织间歇时间之和；

$\sum t_d$—— 搭接时间之和。

②分施工层进行施工。分层施工时，其流水施工工期可通过绘制流水施工进度图表得到。

3.2.4.5 非节奏流水施工

在组织流水施工时，经常由于工程结构形式、施工条件不同等，使得各施工过程的流水节拍随施工段的不同而不同，且不同施工过程之间的流水节拍又有很大的差异。这时流水节拍虽然无任何规律，但仍可利用流水施工原理组织流水施工，使各专业工作队在满足连续施工的条件下，实现最大限度的搭接。

1. 非节奏流水施工的特点

(1)各施工过程在各施工段上的流水节拍不全相等。

(2)相邻施工过程的流水步距不尽相等。

2. 非节奏流水施工组织方式的适用范围

非节奏流水对流水节拍没有前三种施工组织方式的时间约束，在进度安排上比较自由、灵活，允许某些施工段闲置，因此能够适应各种结构各异、规模不等、复杂程度不同的工程，具有广泛的适用性。在实际工作中是一种非常普遍的流水施工方式。

3. 流水施工工期的确定

1)流水步距的确定

非节奏流水施工中，流水步距的大小没有规律，通常运用潘特考夫斯基法进行计算。

潘特考夫斯基法又称"累加数列错位相减取大差法"，其计算步骤如下：

(1)对每个施工过程在各施工段上的流水节拍依次累加，求得各施工过程流水节拍的累加数列。

(2)将相邻施工过程流水节拍累加数列中的后者错后一位，相减求得一个差数列。

(3)在差数列中取最大值，即为这两个相邻施工过程的流水步距。

2)流水施工工期的确定

非节奏流水施工工期可按下式计算：

$$T = \sum K_{i,i+1} + T_n + \sum t_g + \sum t_z - \sum t_d \tag{3-16}$$

3.2.5 网络计划

网络计划技术是用网络图的形式来反映和表达计划的安排。网络图是一种表示整个计划中各项工作实施的先后顺序和所需时间，并表示工作流程的有向、有序的网状图形。

在建筑施工中，网络计划技术主要用来编制工程项目施工的进度计划，并通过对计划的优化、调整和控制，达到缩短工期、降低成本、均衡资源的目标。

与横道计划相比，网络计划有如下优点：

(1)网络计划能明确反映各项工作间的逻辑关系。

(2)通过计算网络图时间参数，能找出影响进度的关键线路，从而抓住主要矛盾，保证工期。

(3)利用某些工作的机动时间，可进行资源的调整，从而降低成本、均衡施工。

(4)根据计划目标，可对网络计划进行调整和优化。

但网络图的绘制比较麻烦，表达不像横道图那么直观明了。

3.2.5.1 双代号网络图的组成要素

双代号网络图的每一个工作(或工序、施工过程、活动等)都由一根箭线和两个节点表示，并在节点内编号，用箭尾节点和箭头节点编号作为这个工作的代号。由于工作均用两个代号标识,所以该表示方法通常称为双代号表示方法。用这种表示方法,将一项计划的所有工作按其逻辑关系绘制而成的网状图形称为双代号网络图。

双代号网络图由节点、箭线、线路三个要素组成,其含义和特点介绍如下。

1. 箭线

在双代号网络图中,一根箭线表示一项工作(或工序、施工过程、活动等),如支设模板、绑扎钢筋、混凝土浇筑、混凝土养护等。

每一项工作都要消耗一定的时间和资源。只要消耗一定时间的施工过程都可作为一项工作,各工作用实箭线表示,如图 3-2 所示。其工作可以分为两种:第一种需要同时消耗时间和资源,如混凝土浇筑,既需要消耗时间,也需要消耗劳动力、水泥、砂石等资源;第二种仅仅需要消耗资源,如混凝土的养护、油漆的干燥等。

在双代号网络图中,为了正确表达施工过程的逻辑关系,有时必须使用一种虚箭线,这种虚箭线没有工作名称,不占用时间,不消耗资源,只解决工作之间的连接问题,称之为虚工作,如图 3-3 所示。虚工作在双代号网络计划中起施工过程之间的逻辑连接或逻辑间断的作用。

双代号网络图(见图 3-4)中,就某一工作而言,紧靠其前面的工作称紧前工作,紧靠其后面的工作叫紧后工作,该工作本身则称为本工作,与之平行的工作称为平行工作。本工作之前所有的工作称为先行工作,本工作之后的所有工作称为后继工作。

图 3-2　双代号网络图工作表示法　　图 3-3　双代号网络图虚工作表示法

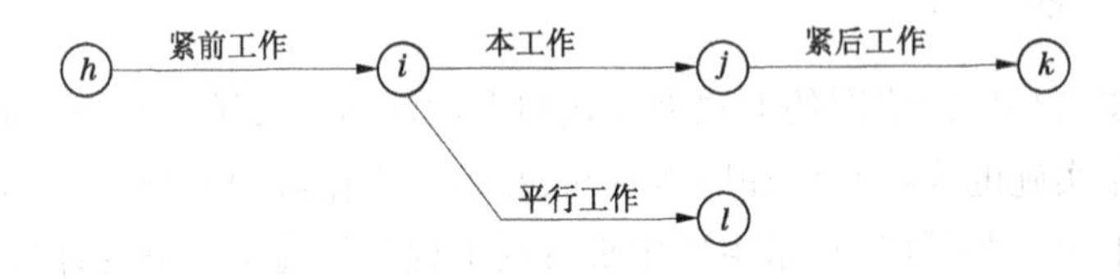

图 3-4　双代号网络图工作间关系

2. 节点

节点是双代号网络图中箭线之间的连接点,即工作结束与开始之间的交接点。在双代号网络图中,节点既不占用时间也不消耗资源,是个瞬间值,即它只表示工作的开始或结束的瞬间,起着承上启下的衔接作用。

节点一般用圆圈或其他形状的封闭图形表示,圆圈中编上整数号码。每项工作都可用箭尾和箭头的节点的两个编号ⓘ—ⓙ作为该工作的代号。节点的编号,一般应满足 $i<j$ 的要求,即箭尾号码要小于箭头号码,节点的编号顺序应从小到大,可不连续,但不允许重复。

网络图的第一个节点称为起始节点,表示一项计划(或工程)的开始;最后一个节点称为终点节点，表示一项计划（或工程）的结束；其他节点都称为中间节点，每个中间节点既是紧前工作的结束节点，又是紧后工作的开始节点。

3. 线路

从网络图的起始节点到终止节点，沿着箭线的指向所构成的若干条“通道”即为线路。一般网络图有多条线路，可依次用该线路上的节点代号来记述，其中持续时间最长的一条线路称为关键线路（至少有一条关键线路）。该关键线路的计算工期即为该计划的计算工期，位于关键线路上的工作称为关键工作。其余线路称为非关键线路，位于非关键线路上的工作称为非关键工作。如图 3-5 所示网络图中共有两条线路，①→②→③→④→⑤线路的持续时间为 9 d，①→②→④→⑤线路的持续时间为 11 d，则①→②→④→⑤为关键线路。

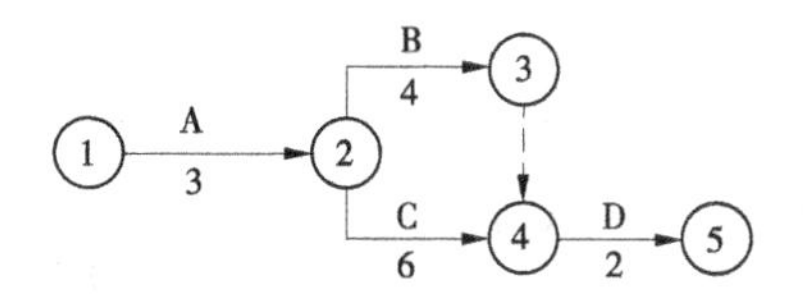

图 3-5　双代号网络图

在网络图中，关键线路要用双实线、粗箭线或彩色箭线表示，关键线路控制着工程计划的进度，决定着工程计划的工期。要注意关键线路并不是一成不变的。在一定条件下，关键线路和非关键线路可以互相转化，如关键线路上的工作持续时间缩短，或非关键线路上的工作持续时间增加，都有可能使关键线路与非关键线路发生转换。

非关键线路都有若干天机动时间，称为时差。非关键工作可以在时差允许范围内放慢施工进度，将部分人力、物力转移到关键工作上，以加快关键工作的进程；或者在时差允许范围内改变工作开始和结束时间，以达到均衡施工的目的。

3.2.5.2　双代号网络图的绘制

正确绘制网络图是网络计划应用的关键。因此，绘图时必须做到以下两点：首先，绘制的网络图必须正确表达工作之间的逻辑关系；其次，必须遵守双代号网络图的绘制规则。

1. 网络图的逻辑关系

工作之间相互制约或依赖的关系称为逻辑关系。工作之间的逻辑关系包括工艺关系和组织关系。

（1）工艺关系：是指生产工艺上客观存在的先后顺序关系，或者是非生产性工作之间由工作程序决定的先后顺序关系。例如，建筑工程施工时，先做基础，后做主体；先做结构，后做装修等。工艺关系是不能随便改变的。

（2）组织关系：是指在不违反工艺关系的前提下，人为安排的工作的先后顺序关系。这种关系不受施工工艺的限制，不由工程性质本身决定，在保证施工质量、安全和工期的前提下，可以人为安排。

在网络图中，各工作之间在逻辑关系上是变化多端的，双代号网络图中常见的一些逻辑关系及其表示方法见表 3-1，工作名称均以字母来表示。

表 3-1　双代号网络图常用的逻辑关系及其相应的表示方法

序号	工作之间的逻辑关系	网络图中的表示方法
1	有 A、B 两项工作按照依次施工方式进行	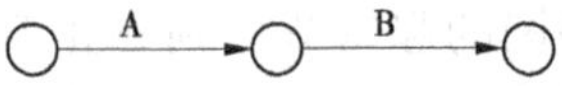 A B
2	有 A、B、C 三项工作同时开始工作	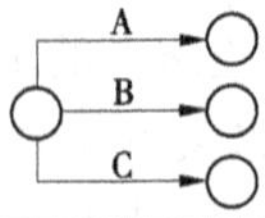 A B C
3	有 A、B、C 三项工作同时结束	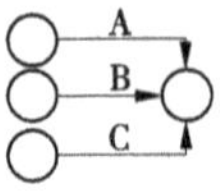 A B C
4	有 A、B、C 三项工作，只有在 A 完成后 B、C 才能开始工作	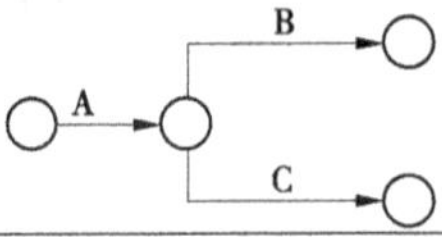 B A C
5	有 A、B、C 三项工作，C 工作只有在 A、B 完成后才能开始	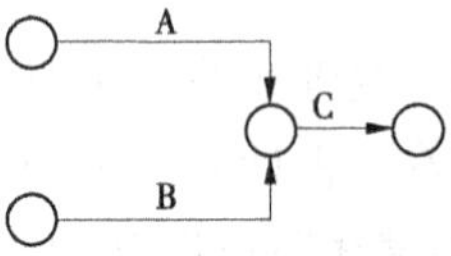 A C B
6	有 A、B、C、D 四项工作，只有 A、B 完成后，C、D 才能开始	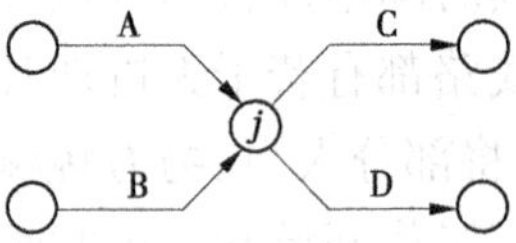 A C j B D
7	有 A、B、C、D 四项工作，只有 A 完成后，C、D 才能开始，B 完成后 D 才能开始	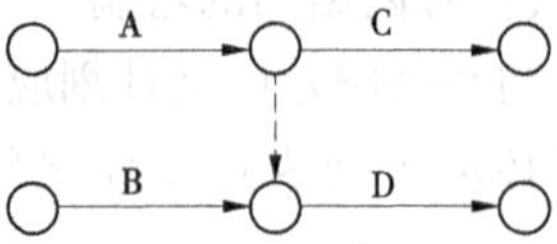 A C B D
8	有 A、B、C、D、E 五项工作，只有 A、B 完成后，C 才能开始，B、D 完成后 E 才能开始	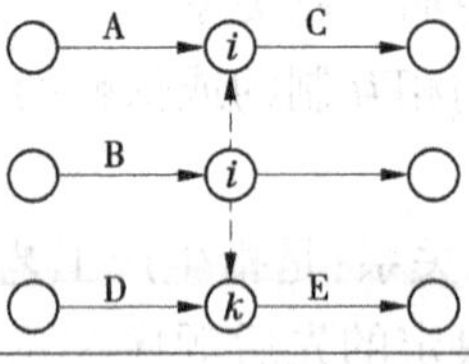 A i C B i D k E
9	有 A、B、C、D、E 五项工作，只有 A、B、C 完成后，D 才能开始，B、C 完成后 E 才能开始	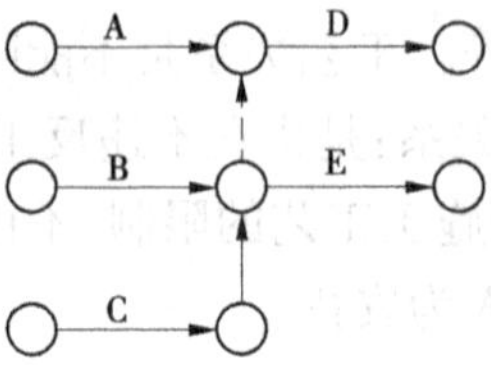 A D B E C

续表 3-1

序号	工作之间的逻辑关系	网络图中的表示方法
10	A、B、C 三项工作分三个施工段组织流水施工	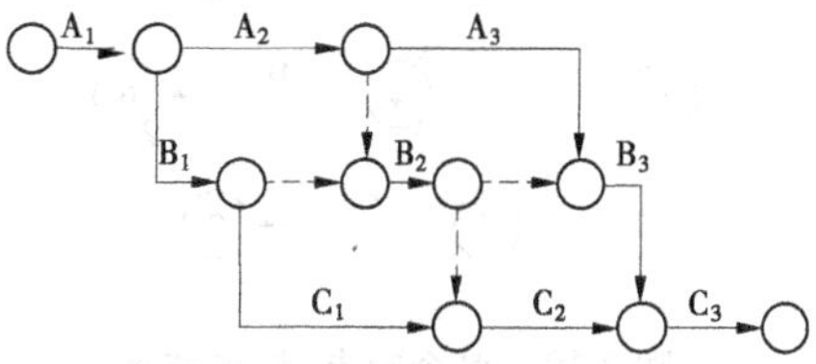

2. 网络图的绘制规则

双代号网络图绘制过程中，除正确表达逻辑关系外，还必须遵守以下绘图规则：

（1）双代号网络图中严禁出现循环回路。所谓循环回路，是指从网络图中的某一个节点出发，顺着箭线方向又回到了原来出发点的线路。如图 3-6 所示，②→③→④形成循环回路，由于其逻辑关系相互矛盾，此网络图表达必定是错误的。

（2）双代号网络图中，在节点间严禁出现带双向箭头或无箭头的连线，如图 3-7 所示。

图 3-6　循环回路示意图

图 3-7　错误的箭头画法

（3）双代号网络图中，不允许出现同样编号的节点或箭线，如图 3-8 所示。

（4）双代号网络图中，同一项工作不能出现两次。如图 3-9 所示，C 工作出现了两次。

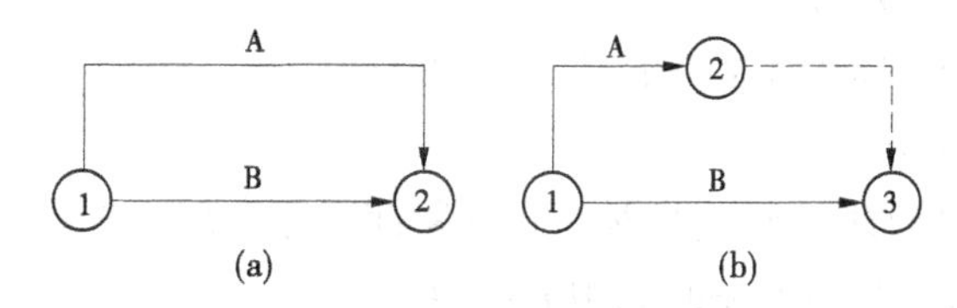

图 3-8　箭线绘制规则示意图

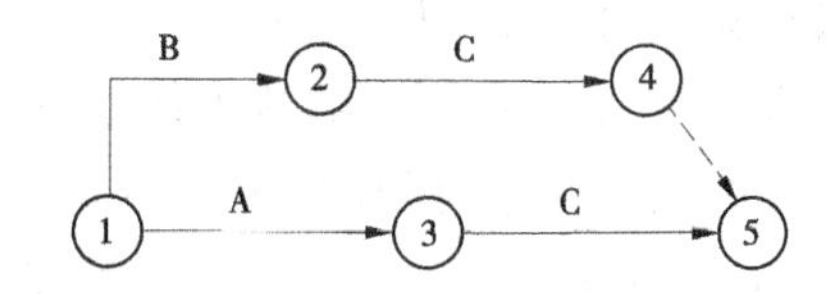

图 3-9　同一项工作出现两次

（5）一张网络图中，应只有一个起点节点和一个终点节点。如图 3-10 所示，有 1、3 两个起点节点，5、6 两个终点节点。

（6）绘制网络图时，箭线不宜交叉；当交叉不可避免时，可用过桥法或指向法，如

图3-11所示。

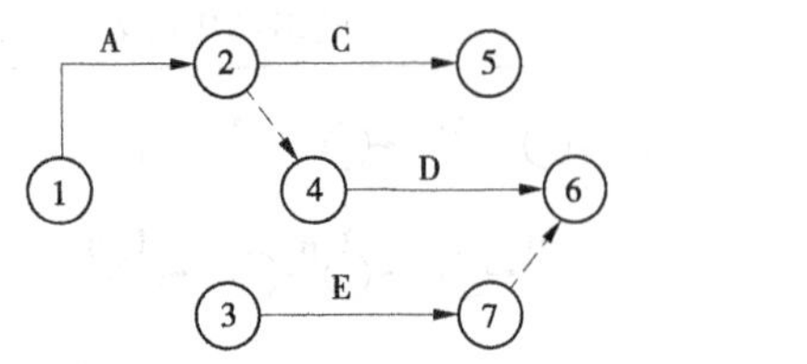

图3-10　多个起点、终点节点

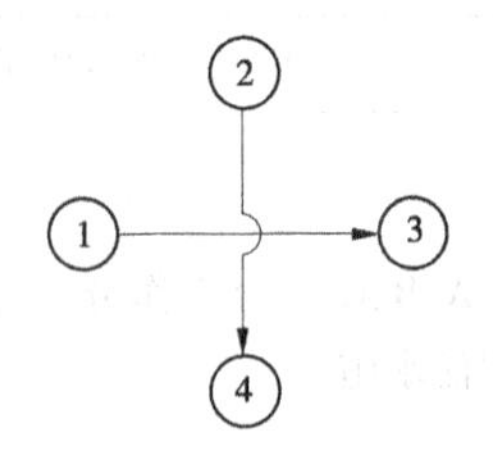

图3-11　箭线交叉的处理方法

3. 网络图的绘制步骤

(1)进行工作分析,绘制逻辑关系表。

(2)绘制草图,从没有紧前工作的工作画起,从左到右把各工作组成网络图。

(3)按网络图的绘制规则和逻辑关系检查、调整网络图。

(4)整理构图形式,应从以下几个方面进行整理:

①箭线宜用水平箭线、垂直箭线表示。

②避免反向箭杆。

③去除多余的虚工作,应保证去除后不影响逻辑关系的正确表达,不会出现同样编号的箭线。

(5)给节点编号,编号原则是对于任一工作其箭尾号码要小于箭头号码。

3.2.5.3　双代号网络图时间参数的计算

计算网络计划时间参数,目的主要有三个:①确定关键线路和关键工作,便于施工中抓住重点,向关键线路要时间;②明确非关键工作在施工中时间上有多大的机动性,便于挖掘潜力,统筹全局,部署资源;③确定总工期,做到工程进度心中有数。

1. 时间参数的概念及其符号

1)工作持续时间(D_{i-j})

工作持续时间指一项工作从开始到完成的时间。

2)工作的时间参数

(1)工作最早开始时间(ES_{i-j}):是指在各紧前工作全部完成后,本工作有可能开始的最早时刻。工作 $i-j$ 的最早开始时间用 ES_{i-j} 表示。

(2)工作最早完成时间(EF_{i-j}):是指在各紧前工作全部完成后,本工作有可能完成的最早时刻。工作 $i-j$ 的最早完成时间用 EF_{i-j} 表示。

(3)工作最迟开始时间(LS_{i-j}):是指在不影响整个任务按期完成的前提下,本工作必须开始的最迟时刻。工作 $i-j$ 的最迟开始时间用 LS_{i-j} 表示。

(4)工作最迟完成时间(LF_{i-j}):是指在不影响整个任务按期完成的前提下,本工作必须完成的最迟时刻。工作 $i-j$ 的最迟完成时间用 LF_{i-j} 表示。

(5)总时差(TF_{i-j}):是在不影响计划总工期的前提下,本工作可以利用的机动时间。工作 $i-j$ 的总时差用 TF_{i-j} 表示。一项工作可利用的时间范围从最早开始时间到最迟完成时间。

(6)自由时差(FF_{i-j}):是在不影响紧后工作最早开始时间的前提下,本工作可以利用的机动时间。工作 $i-j$ 的自由时差用 FF_{i-j}表示。一项工作可利用的时间范围从该工作最早开始时间到紧后工作最早开始时间。

3)节点的时间参数

(1)节点最早时间(ET_i):是指以该节点为开始节点的各项工作的最早开始时间,节点 i 的最早时间用 ET_i 表示。

(2)节点最迟时间(LT_i):是指以该节点为完成节点的各项工作的最迟完成时间,节点 i 的最迟时间用 LT_i 表示。

2. 网络计划时间参数的计算方法

由于双代号网络图中节点时间参数与工作时间参数有着密切的联系,通常在图上直接计算,先计算出节点的时间参数,然后推算出工作的时间参数。

现以图 3-12 所示为例说明双代号网络图时间参数的计算方法。

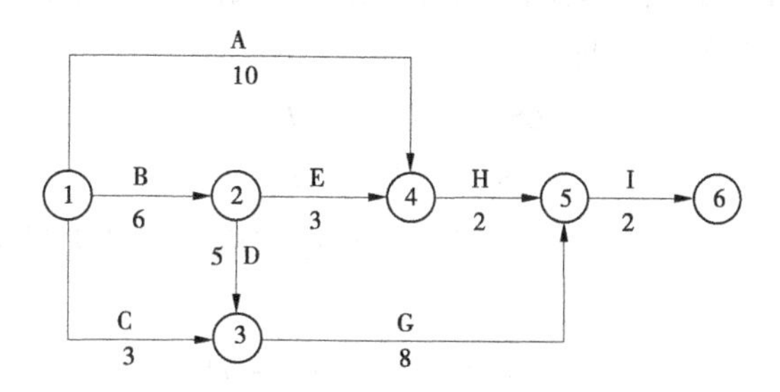

图 3-12　某双代号网络计划

1)节点时间参数的计算

(1)计算各节点最早时间。自起点节点开始,顺着箭线方向逐点向后计算直至终点节点,即“顺着箭线方向相加,逢箭头相碰的节点取最大值”。

当网络计划没有规定开始时间,起点节点的最早时间为零,即

$$ET_1 = 0 \tag{3-17}$$

其他节点的最早时间为

$$ET_j = \max\{ET_i + D_{i-j}\} \tag{3-18}$$

网络计划的计算工期为

$$T_C = ET_n \tag{3-19}$$

当实际工程对工期无要求时,取计划工期等于计算工期,即

$$T_P = T_C \tag{3-20}$$

(2)计算各节点最迟时间。自终点节点 n 开始,逆着箭线方向逐点向前计算直至起点节点,即“逆着箭线方向相减,逢箭尾相碰的节点取最小值”。

终点节点的最迟时间为

$$LT_n = ET_n(\text{或计划工期 } T_P) \tag{3-21}$$

其他节点的最迟时间为

$$LT_i = \min\{LT_j - D_{i-j}\} \tag{3-22}$$

2）工作时间参数的计算

（1）计算各工作的最早开始时间。工作的最早开始时间等于该工作的开始节点的最早时间，即

$$ES_{i-j} = ET_i \tag{3-23}$$

（2）计算各工作的最早完成时间。工作的最早完成时间等于该工作的最早开始时间加持续时间或用节点参数计算，即

$$EF_{i-j} = ES_{i-j} + D_{i-j} \tag{3-24}$$

或

$$EF_{i-j} = ET_i + D_{i-j} \tag{3-25}$$

（3）计算各工作的最迟完成时间。工作的最迟完成时间等于该工作的完成节点的最迟时间，即

$$LF_{i-j} = LT_j \tag{3-26}$$

（4）计算各工作的最迟开始时间。工作的最迟开始时间等于该工作的最迟完成时间减持续时间或用节点参数计算，即

$$LS_{i-j} = LF_{i-j} - D_{i-j} \tag{3-27}$$

或

$$LS_{i-j} = LT_j - D_{i-j} \tag{3-28}$$

（5）计算总时差。工作总时差等于该工作最迟完成时间减去最早开始时间再减持续时间或用节点参数计算，即

$$TF_{i-j} = LF_{i-j} - ES_{i-j} - D_{i-j} \tag{3-29}$$

或

$$TF_{i-j} = LT_j - ET_i - D_{i-j} \tag{3-30}$$

（6）计算自由时差。工作自由时差等于紧后工作最早开始时间减该工作最早开始时间再减持续时间或用节点参数计算，即

$$FF_{i-j} = ES_{j-k} - ES_{i-j} - D_{i-j} \tag{3-31}$$

或

$$FF_{i-j} = ET_j - ET_i - D_{i-j} \tag{3-32}$$

3. 关于总时差和自由时差

（1）通过计算式不难看出：因 $LT_j \geqslant ET_j$，所以 $TF_{i-j} \geqslant FF_{i-j}$。

（2）两者的关系。

总时差是属于某线路上共有的机动时间，当该工作使用全部或部分总时差时，该线路上其他工作的总时差就会消失或减少，进行重新分配。

自由时差为某工作独立使用的机动时间，对后续工作没有影响，利用某项工作的自由时差，不会影响其紧后工作的最早开始时间。

（3）总时差用途。

①判别关键工作：总时差最小的工作为关键工作。

②控制总工期：通过总时差可判别出关键工作和非关键工作，而非关键工作有一定的潜力可挖，可在时差范围内机动安排工作的开始时间或延长该工作的时间，从而抽调人力、物力等资源去支援关键线路上的关键工作，以保证关键线路上工期按时、提前完成。

4. 关键工作和关键线路的确定

1) 关键工作的确定

网络计划中机动时间最少的工作为关键工作,所以工作总时差最小的工作即为关键工作。在计划工期等于计算工期时,总时差为零的工作即为关键工作。

2) 关键线路的确定

到目前为止,确定关键线路的方法如下:

(1)计算出所有线路的持续时间,其中持续时间最长的线路为关键线路。

这种方法的缺点是找齐所有线路的工作量大,不适用于实际工程。

(2)总时差最小的工作为关键工作,将所有关键工作连起来即为关键线路。这种方法的缺点是计算各工作总时差的工作量较大。

(3)下面介绍一种快速确定关键线路的方法——节点标号法,应用这种方法,在计算节点最早时间的同时就“顺便”把关键线路找出来了,其具体步骤为:第一,从起点节点向终点节点计算节点最早时间;第二,在计算节点最早时间的同时,每标注一个节点最早时间,都要把该节点的最早时间是由哪个节点计算而来的节点编号标在该节点上;第三,自终点节点开始,从右向左,逆箭线方向,按所标节点编号可绘出一条(或几条)线路,该线路即为关键线路。

3.2.5.4 双代号时标网络计划

1. 双代号时标网络计划的概念及特点

1) 概念

一般双代号网络计划都是不带时标的,工作持续时间与箭线长短是无关的。虽然绘制较方便,但因为没有时标,看起来不太直观,不像建筑工程中常用的横道图。横道图可以从图上直接看出各项工作的开工和完工时间,并可按天统计资源需要量,编制资源需要量计划。

双代号时标网络计划是综合应用一般双代号网络计划和横道图的时间坐标原理,吸取二者的优点,使其结合在一起的以水平时间坐标为尺度编制的双代号网络计划。

2) 特点

(1)箭杆长度与工作延续时间长度一致。

(2)可直接在时标网络计划中统计出劳动力、材料等资源需要量,绘制资源动态曲线。

2. 双代号时标网络计划的绘制

在绘制时标网络计划时,一般应先绘好无时标网络计划,即一般网络计划,然后先算后绘,具体计算步骤如下(以按节点最早时间绘制时标网络计划为例):

(1)绘制一般双代号网络计划。

(2)确定坐标线所代表的时间单位,计算节点最早时间。

(3)确定节点位置:根据网络图中各节点的最早时间逐个画出各节点,节点定位应参照一般网络计划的形状,其中心对准时间刻度线。

(4)绘制箭杆:箭杆水平投影长度应与工作持续时间一致。

①若某工作箭杆长度不能达到该工作完成节点，用波形线补之。

②箭杆最好画成水平向折线，若斜线，则其水平投影表示持续时间。

③虚工作因不占时间，故必须以垂直方向的虚箭线表示（不能从右向左），有自由时差时加波形线表示。

3. 双代号时标网络计划时间参数的确定

（1）关键线路的确定。自终点节点逆箭线方向朝起点节点方向观察，自始自终不出现波形线的线路为关键线路。

（2）工期的确定。时标网络计划的计算工期，应是其终点节点与起点节点所在位置的时标值之差。

（3）工作时间参数的判读。在时标网络计划中，6 个工作时间参数的确定步骤如下：

①工作最早时间参数的确定。按节点最早时间绘制的时标网络计划，工作最早时间参数可直接从图上确定。

工作最早开始时间 ES_{i-j}：左端箭尾节点所对应的时标值。

最早完成时间 EF_{i-j}：若实箭线抵达箭头节点，则最早完成时间就是箭头节点时标值；若实箭线未抵达箭头节点，则其最早完成时间为实箭线右端末所对应的时标值。

②自由时差 FF_{i-j}的确定。波形线的水平投影长度即为该工作的自由时差。若箭线无波形部分，则自由时差为零。

③总时差 TF_{i-j}的确定。自右向左进行，且符合下列规定：

以终点节点（$j=n$）为箭头节点的总时差应按计划工期 T_P 确定，即

$$TF_{i-j} = T_P - FF_{i-n} \tag{3-33}$$

其他工作总时差等于诸紧后工作的总时差的最小值与本工作的自由时差之和，即

$$TF_{i-j} = \min\{TF_{j-k}\} + FF_{i-j} \tag{3-34}$$

④最迟时间参数的确定。最迟开始时间和最迟完成时间应按下式计算：

$$LS_{i-j} = ES_{i-j} + TF_{i-j} \tag{3-35}$$

3.2.5.5 网络计划优化

网络计划经绘制和计算后，可得出最初的方案。网络计划的最初方案只是一种可行的方案，不一定是合乎规定要求的方案或最优方案。因此，还必须进行网络计划优化。

网络计划的优化，是在满足既定约束的条件下，按某一目标，通过不断改进网络计划，以寻求满意方案。网络计划的优化目标应按计划任务的需要和条件选定，优化的内容包括：工期优化、费用优化、资源优化。

1. 工期优化

工期优化是压缩计算工期，以达到要求工期的目标，或在一定约束条件下使工期最短的过程。

1）工期优化步骤

（1）计算并找出网络计划的计算工期、关键线路及关键工作。

（2）按要求工期计算应缩短的持续时间。

（3）确定各关键工作能缩短的持续时间。

（4）按上述因素选择关键工作压缩其持续时间，并重新计算网络计划的计算工期。

(5)当计算工期仍然超过要求工期时，则重复以上步骤，直至计算工期满足要求工期。

(6)当所有关键工作的持续时间都已达到所能缩短的极限，而工期仍不能满足要求时，应对原组织方案进行调整，或对要求工期重新审定。

2)工期优化应考虑的因素

(1)缩短工期应压缩关键工作。

(2)作为要压缩时间的关键工作的选择原则：缩短持续时间对质量和安全影响不大的工作，有充足备用资源的工作，缩短持续时间所需增加的费用最少的工作，关键工作压缩时间后仍应为关键工作。

(3)当有多条关键线路存在时，要同时、同步压缩。

2. 费用优化

费用优化又称时间成本优化，是寻求最低成本时的最优工期安排，或按要求工期寻求最低成本的计划安排过程。要达到上述优化目标，就必须首先研究时间和费用的关系。

1)工期和费用的关系

工程费用包括直接费用和间接费用两部分，直接费用是直接投入到工程中的成本，即在施工过程中耗费的人工费、材料费、机械设备费等构成工程实体的各项费用；而间接费用是间接投入到工程中的成本，主要由管理费等构成。一般情况下，直接费用随工期的缩短而增加，间接费用随工期的缩短而减少，如图 3-13 所示。图中的总费用曲线中，总存在一个最低的点，即最小的工程总成本 C_0，与此相对应的工期为最优工期 T_0，这就是费用优化所寻求的目标。

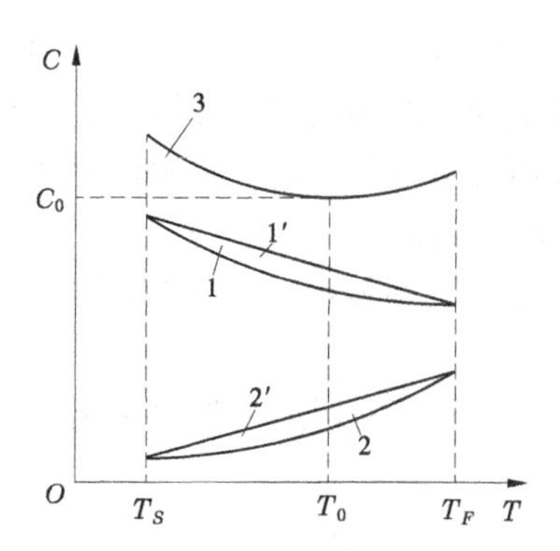

1、1′—直接费用曲线、直线；2、2′—间接费用曲线、直线；3—总费用曲线

T_S—最短工期；T_0—最优工期；T_F—正常工期；C_0—最低总成本

图 3-13　工期—费用曲线

为简化计算，如图 3-13 所示，通常把直接费用曲线 1、间接费用曲线 2 表达为直接费用直线 1′、间接费用直线 2′。这样可以通过直线斜率表达直接(间接)费用率，即直接(间接)费用在单位时间内的增加(减少)值。如工作 $i-j$ 的直接费用率 ΔC_{i-j} 为

$$\Delta C_{i-j} = \frac{CC_{i-j} - CN_{i-j}}{DN_{i-j} - DC_{i-j}} \tag{3-36}$$

式中　CC_{i-j}——将工作持续时间缩短为最短持续时间后完成该工作所需的直接费用；

CN_{i-j}——在正常条件下完成工作 $i-j$ 所需的直接费用；

DN_{i-j}——工作 $i-j$ 的正常持续时间；

DC_{i-j}——工作 $i-j$ 的最短持续时间。

2）费用优化的步骤

费用优化的基本思路是不断地找出能使工期缩短且直接费用增加最少的工作，缩短其持续时间，同时考虑间接费用增加，便可求出费用最低相应的最优工期和满足工期要求相应的最低费用。

费用优化可按下述步骤进行：

（1）计算各工作的直接费用率 ΔC_{i-j} 和间接费用率 $\Delta C'$。

（2）按工作的正常持续时间确定工期并找出关键线路。

（3）当只有一条关键线路时，应找出直接费用率 ΔC_{i-j} 最小的一项关键工作，作为缩短持续时间的对象；当有多条关键线路时，应找出组合直接费用率 $\sum\{\Delta C_{i-j}\}$ 最小的一组关键工作，作为缩短持续时间的对象。

（4）对选定的压缩对象缩短其持续时间，缩短值 ΔT 必须符合两个原则：一是不能压缩成非关键工作，二是缩短后其持续时间不小于最短持续时间。

（5）计算时间缩短后总费用的变化 C_i：

$$C_i = \sum\{\Delta C_{i-j} \times \Delta T\} - \Delta C' \times \Delta T \tag{3-37}$$

（6）当 $C_i \leqslant 0$，重复上述（3）～（5）步骤，一直计算到 $C_i > 0$，即总费用不能降低为止，费用优化即告完成。

3. 资源优化

所谓资源，是指完成工程项目所需的人力、材料、机械设备和资金等的统称。一般情况下，这些资源也是有一定限量的。在编制网络计划时必须对资源进行统筹安排，保证资源需要量在其限量之内、资源需要量尽量均衡。资源优化就是通过调整工作之间的安排，使资源按时间的分布符合优化的目标。

资源优化可分为“资源有限—工期最短”和“工期固定—资源均衡”两类问题。

1）资源有限—工期最短的优化

资源有限—工期最短的优化是调整计划安排，以满足资源限制条件，并使工期拖延最短的过程。

资源有限—工期最短的优化步骤如下：

（1）按最早时间参数绘制双代号时标网络图，根据各个工作在每个时间单位的资源需要量，统计出每个时间单位内的资源需要量 R_t。

（2）从网络计划开始的第一天起，从左至右计算资源需用量 R_t，并检查其是否超过资源限量 R_a，若检查至网络计划最后一天都是 $R_t \leqslant R_a$，则该网络计划就符合优化要求；若发现 $R_t > R_a$，就停止检查而进行调整。

（3）调整网络计划。将 $R_t > R_a$ 处的工作进行调整。调整的方法是将该处的一项工作移在该处的另一项工作之后，以减少该处的资源需用量。如该处有两项工作 α、β，则有 α 移 β 后和 β 移 α 后两个调整方案。

（4）计算调整后的工期增量。调整后的工期增量等于前面工作的最早完成时间减移

在后面工作的最早开始时间再减移在后面的工作的总时差。如 β 移 α 后,则其工期增量为

$$\Delta T_{\alpha,\beta} = EF_{\alpha} - ES_{\beta} - TF_{\beta} \tag{3-38}$$

(5)重复以上步骤,直至所有时间单位内的资源需要量都不超过资源限量,资源优化即告完成。

2)工期固定—资源均衡的优化

工期固定—资源均衡的优化是指在工期保持不变的条件下,使资源需要量尽可能分布均衡的过程。也就是在资源需要量曲线上尽可能不出现短期高峰或长期低谷的情况,力求使每天资源需要量接近于平均值。

工期固定—资源均衡优化的方法有多种,这里仅介绍削高峰法,即利用非关键工作的机动时间,在工期固定的条件下,使得资源峰值尽可能减小。

工期固定—资源均衡的优化步骤如下:

(1)按最早时间参数绘制双代号时标网络图,根据各个工作在每个时间单位的资源需要量,统计出每个时间单位内的资源需要量 R_t。

(2)找出资源高峰时段的最后时刻 T_h,计算非关键工作如果向右移到 T_h 处开始,还剩下的机动时间 ΔT_{i-j},即

$$\Delta T_{i-j} = TF_{i-j} - (T_h - ES_{i-j}) \tag{3-39}$$

当 $\Delta T_{i-j} \geqslant 0$ 时,则说明该工作可以向右移出高峰时段,使得峰值减小,并且不影响工期。当有多个工作 $\Delta T_{i-j} \geqslant 0$,应选择 ΔT_{i-j} 值最大的工作向右移出高峰时段。

(3)绘制出调整后的时标网络计划。

(4)重复上述步骤(2)~(3),直至高峰时段的峰值不能再减少,资源优化即告完成。

第4章　水利工程项目质量控制

4.1　质量管理

4.1.1　概述

4.1.1.1　质量与施工质量的概念

我国GB/T 19000—2000质量管理体系标准关于质量的定义是:一组固有特性满足要求的程度。该定义可理解为:质量不仅是指产品的质量,也包括某项活动或过程的工作质量,还包括质量管理活动体系运行的质量。质量的关注点是一组固有特性,而不是赋予的特性。质量是满足要求的程度,要求是指明示的、隐含的或必须履行的需要和期望。质量要求是动态的、发展的和相对的。

施工质量是指建设工程项目施工活动及其产品的质量,即通过施工使工程满足业主(顾客)需要并符合国家法律、法规、技术规范标准、设计文件及合同规定的要求,包括在安全、使用功能、耐久性、环境保护等方面所有明示和隐含需要的能力的特性综合。其质量特性主要体现在由施工形成的建筑工程的适用性、安全性、耐久性、可靠性、经济性及与环境的协调性等六个方面。

4.1.1.2　质量管理与施工质量管理的概念

我国GB/T 19000—2000质量管理体系标准关于质量管理的定义是:在质量方面指挥和控制组织的协调的活动。与质量有关的活动,通常包括质量方针和质量目标的建立、质量策划、质量控制、质量保证和质量改进等。所以,质量管理就是确定和建立质量方针、质量目标及职责,并在质量管理体系中通过质量策划、质量控制、质量保证和质量改进等手段来实施和实现全部质量管理职能的所有活动。

施工质量管理是指工程项目在施工安装和施工验收阶段,指挥和控制工程施工组织关于质量的相互协调的活动,使工程项目施工围绕着使产品质量满足不断更新的质量要求,而开展的策划、组织、计划、实施、检查、监督和审核等所有管理活动的总和。它是工程项目施工各级职能部门领导的职责,而工程项目施工的最高领导即施工项目经理应负全责。施工项目经理必须调动与施工质量有关的所有人员的积极性,共同做好本职工作,才能完成施工质量管理的任务。

4.1.1.3　质量控制与施工质量控制的概念

根据GB/T 19000—2000质量管理体系标准的质量术语定义,质量控制是质量管理的一部分,是致力于满足质量要求的一系列相关活动。施工质量控制是在明确的质量方针指导下,通过对施工方案和资源配置的计划、实施、检查和处置,进行施工质量目标的事前控制、事中控制和事后控制的系统过程。

4.1.1.4 **质量管理与质量控制的关系**

质量控制是质量管理的一部分，是致力于满足质量要求的一系列相关活动。它是GB/T 19000—2000 质量管理体系标准的一个质量术语。

质量控制的内容包括采取的作业技术和活动，也就是包括专业技术和管理技术两方面。作业技术是直接产生产品或服务质量的前提条件。在现代社会化大生产的条件下，还必须通过科学的管理，来组织和协调作业技术活动的过程，以充分发挥其质量形成能力，实现预期的质量目标。

质量管理是指确立质量方针及实施质量方针的全部职能及工作内容，并对其工作效果进行评价和改进的一系列工作。

质量控制与质量管理的区别在于：质量控制的目的性更强，是在明确的质量目标下通过行动方案和资源配置的计划、实施、检查和监督来实现预期目标的过程。

4.1.2 质量管理的特点

质量管理的特点是由工程项目质量特点决定的，而项目质量特点又变换为项目的工程特点和生产特点。

4.1.2.1 **工程项目的工程特点和施工生产的特点**

1. 施工的一次性

工程项目施工是不可逆的，当施工出现质量问题，不可能完全回到原始状态，严重的可能导致工程报废。工程项目一般都投资巨大，一旦发生施工质量事故，就会造成重大的经济损失。因此，工程项目施工都应一次成功，不能失败。

2. 工程的固定性和施工生产的流动性

每一项工程项目都固定在指定地点的土地上，工程项目施工全部完成后，由施工单位就地移交给使用单位。工程的固定性特点决定了工程项目对地基的特殊要求，施工采用的地基处理方案对工程质量产生直接影响。相对于工程的固定性特点，施工生产则表现出流动性的特点，表现为各种生产要素既在同一工程上的流动，又在不同工程项目之间的流动。由此，形成了施工生产管理方式的特殊性。

3. 产品的单件性

每一工程项目都要和周围环境相结合。由于周围环境以及地基情况的不同，只能单独设计生产；不能像一般工业产品那样，同一类型可以批量生产。建筑产品即使采用标准图纸生产，也会由于建设地点、时间的不同，施工组织的方法不同，施工质量管理的要求也会有差异，因此工程项目的运作和施工不能标准化。

4. 工程体形庞大

工程项目是由大量的工程材料、制品和设备构成的实体，体积庞大，无论是房屋建筑或是铁路、桥梁、码头等土木工程，都会占有很大的外部空间。一般只能露天进行施工生产，施工质量受气候和环境的影响较大。

5. 生产的预约性

施工产品不像一般的工业产品那样先生产后交易，只能是在施工现场根据预定的条件进行生产，即先交易后生产。因此，选择设计、施工单位，通过投标、竞标、定约、成交，就成为建筑业物质生产的一种特有的方式。业主事先对这项工程产品的工期、造价和质量提出要求,并在生产过程中对工程质量进行必要的监督控制。

4.1.2.2 质量控制的特点

1.控制因素多

工程项目的施工质量受到多种因素的影响。这些因素包括设计、材料、机械、地质、水文、气象、施工工艺、操作方法、技术措施、管理制度、社会环境等。因此,要保证工程项目的施工质量,必须对所有这些影响因素进行有效控制。

2.控制难度大

由于建筑产品生产的单件性和流动性,不具有一般工业产品生产常有的固定生产流水线、规范化的生产工艺、完善的检测技术、成套的生产设备和稳定的生产环境,不能进行标准化施工,施工质量容易产生波动;而且施工场面大、人员多、工序多、关系复杂、作业环境差,都加大了质量控制的难度。

3.过程控制要求高

工程项目在施工过程中,由于工序衔接多、中间交接多、隐蔽工程多,施工质量具有一定的过程性和隐蔽性。在施工质量控制工作中,必须加强对施工过程的质量检查,及时发现和整改存在的质量问题,避免事后从表面进行检查。过程结束后的检查难以发现在过程中产生又被隐蔽了的质量隐患。

4.终检局限大

工程项目建成以后不能像一般工业产品那样,依靠终检来判断产品的质量和控制产品的质量;也不可能像工业产品那样将其拆卸或解体检查内在质量,或更换不合格的零部件。所以,工程项目的终检(竣工验收)存在一定的局限性。因此,工程项目的施工质量控制应强调过程控制,边施工边检查边整改,及时做好检查、认证记录。

工程项目的质量总目标是业主建设意图通过项目策划提出来的,其中项目策划包括项目的定义及项目的建设规模、系统构成、使用功能和价值、规格档次标准等的定位策划和目标决策等。工程项目的质量控制必须围绕着致力于满足业主要求的质量总目标而展开,具体的内容应包括勘察设计、招标投标、施工安装、竣工验收等阶段。

4.1.3 影响施工质量的因素

施工质量的影响因素主要有"人(Man)、材料(Material)、机械(Machine)、方法(Method)及环境(Environment)"等五大方面,即4M1E。

4.1.3.1 人的因素

这里讲的"人",泛指与工程有关的单位、组织及个人,包括:建设单位,勘察设计单位,施工承包单位,监理及咨询服务单位,政府主管及工程质量监督、监测单位,策划者、设计者、作业者、管理者等。人的因素影响主要是指上述人员个人的质量意识及质量活动能力对施工质量形成造成的影响。我国实行的执业资格注册制度和管理及作业人员持证上岗制度等,从本质上说,就是对从事施工活动的人的素质和能力进行必要的控制。在施工质量管理中,人的因素起决定性的作用。所以,施工质量控制应以控制人的因素为基本出发点。作为控制对象,人的工作应避免失误;作为控制动力,应充分调动人的积极性,发挥人的主导作用。必须有效控制参与施工的人员素质,不断提高人的质量活动能力,才能保证施工质量。

4.1.3.2 材料的因素

材料包括工程材料和施工用料,又包括原材料、半成品、成品、构配件等。各类材料是工程施工的物质条件,材料质量是工程质量的基础,材料质量不符合要求,工程质量就不可能达到标准。所以,加强对材料的质量控制,是保证工程质量的重要基础。

4.1.3.3 机械的因素

机械设备包括工程设备、施工机械和各类施工工器具。工程设备是指组成工程实体的工艺设备和各类机具,如各类生产设备、装置和辅助配套的电梯、泵机,以及通风空调、消防、环保设备等,它们是工程项目的重要组成部分,其质量的优劣直接影响到工程使用功能的发挥。施工机械设备是指施工过程中使用的各类机具设备,包括运输设备、吊装设备、操作工具、测量仪器、计量器具以及施工安全设施等。施工机械设备是所有施工方案和工法得以实施的重要物质基础,合理选择和正确使用施工机械设备是保证施工质量的重要措施。

4.1.3.4 方法的因素

施工方法包括施工技术方案、施工工艺、工法和施工技术措施等。从某种程度上说,技术工艺水平的高低,决定了施工质量的优劣。采用先进合理的工艺、技术,依据规范的工法和作业指导书进行施工,必将对组成质量因素的产品精度、平整度、清洁度、密封性等物理、化学特性等方面起到良性的推进作用。比如近年来,建设部在全国建筑业中推广应用的10项新的应用技术,包括地基基础和地下空间工程技术、高性能混凝土技术、高效钢筋和预应力技术、新型模板及脚手架应用技术、钢结构技术、建筑防水技术等,对确保建设工程质量和消除质量通病起到了积极作用,收到了明显的效果。

4.1.3.5 环境的因素

环境的因素主要包括现场自然环境因素、施工质量管理环境因素和施工作业环境因素。环境因素对工程质量的影响,具有复杂多变和不确定性的特点。

1. 现场自然环境因素

现场自然环境因素主要指工程地质、水文、气象条件和周边建筑、地下障碍物以及其他不可抗力等对施工质量的影响因素。例如,在地下水位高的地区,若在雨期进行基坑开挖,遇到连续降雨或排水困难,就会引起基坑塌方或地基受水浸泡影响承载力等在寒冷地区冬期施工措施不当,工程会因受到冻融而影响质量;在基层未干燥或大风天进行卷材屋面防水层的施工,就会导致粘贴不牢及空鼓等质量问题。

2. 施工质量管理环境因素

施工质量管理环境因素主要指施工单位质量保证体系、质量管理制度和各参建施工单位之间的协调等因素。根据承发包的合同结构,理顺管理关系,建立统一的现场施工组织系统和质量管理的综合运行机制,确保质量保证体系处于良好的状态,创造良好的质量管理环境和氛围,是施工顺利进行,提高施工质量的保证。

3. 施工作业环境因素

施工作业环境因素主要指施工现场的给水排水条件,各种能源介质供应,施工照明、通风、安全防护设施，施工场地空间条件和通道，以及交通运输和道路条件等因素。

这些条件是否良好，直接影响到施工能否顺利进行，以及施工质量能否得到保证。

4.1.4 工程质量的控制措施及应注意的问题

4.1.4.1 工程质量控制的措施

为了实现质量控制的合同目标，取得理想效果和建设单位的满意，施工管理者应当从多方面采取措施实施控制，通常可以将这些措施归纳为组织措施、技术措施、经济措施、合同措施四个方面。

(1)组织措施是从质量控制的组织管理方面采取的措施，如落实质量控制的组织机构和人员，明确各级质量控制人员的任务和职能分工、权力和责任，改善目标控制的工作流程等。组织措施是其他各类措施的前提和保障，而且一般不需要增加什么费用，运用得当可以收到良好的效果。尤其是对由于建设单位原因所导致的质量偏差，这类措施可能成为首选措施，故应予以足够的重视。

(2)技术措施施工技术方案、技术方法是整个施工全局的关键，直接影响到工程的施工效率、施工质量、施工安全、工期和经济效果，因此必须引起足够的重视。为此必须在多个方案的基础上进行认真分析比较，力求选出施工上可行、技术上先进、安全上可靠的施工方案。它不仅对解决建筑工程实施过程中的技术问题是不可缺少的，而且对纠正质量偏差亦有相当重要的作用。任何一个技术方案都有基本确定的经济效果，不同的技术方案就有着不同的经济效果。因此，运用技术措施纠偏的关键，一是要能提出多个不同的技术方案，二是要对不同的技术方案进行技术经济分析。在实践中，也要避免仅从技术角度选定技术方案而忽视对其经济效果的分析论证。

(3)经济措施绝不仅是审核工程量及相应的付款和结算报告，还需要从一些全局性、总体性的问题上加以考虑，往往可以取得非常理想的效果。另外，经济措施不要仅局限在已发生的费用上。通过偏差原因分析和未完工程投资预测，可发现一些现有和潜在的问题将引起未完工程的投资增加，对这些问题应以主动控制为出发点，及时采取预防措施。由此可见，经济措施的运用绝不仅是财务人员的事情。

(4)合同措施施工质量控制是以合同为依据的，因此合同措施就显得尤为重要。对于合同措施，要从广义上理解，除拟订合同条款、参加合同谈判、处理合同执行过程中的问题、防止和处理索赔等措施外，还要确定对质量控制有利的建筑工程组织管理模式和合同结构，分析不同合同之间的相互联系和影响，对每一个合同作总体和具体的分析等。这些合同措施对质量控制更具有全局性的影响，其作用也就更大。另外，在采取合同措施时，要特别注意合同中所规定的自控主体和监控主体的义务和责任。

4.1.4.2 施工质量控制时应注意的问题

(1)全面理解工程项目质量目标。首先，是工程项目质量目标的内容具有广泛性，凡是构成工程项目实体、功能和使用价值的各方面，如建设地点、建筑形式、结构形式、材料、设备、工艺、规模和生产能力以及使用者满意程度都应列入工程项目质量目标范围。同时，对参与工程项目建设的单位和人员的资质、素质、能力和水平，特别是对他们工作质量的要求也是质量目标不可缺少的组成部分，因为它们直接影响建筑产品的质量。其次，工程项目实体质量的形成具有明显的过程性。实现工程项目质量目标与形成质量的过程息息相关,工程项目建设的每个阶段都对项目质量的形成起着重要的作用,对质量产生重要影响。因此,项目管理者应当根据每个阶段的特点,确定各阶段质量控制的目标和任务,以便实施全过程质量控制。再次,影响工程项目质量目标的因素众多,如决策、设计、材料、机械、环境、施工工艺、施工方案、操作方法、技术措施、管理制度、施工人员素质等均直接或间接地影响工程项目的质量。

(2)实施全面的质量控制。由于工程项目质量目标的内容具有广泛性,所以要实现项目质量目标应当实施全面的质量控制。实施全面的质量控制应当由全体项目建设参与者参加,以工程项目质量为中心,实施全过程的质量控制。

质量控制是最重要的施工管理活动。控制通常是指管理人员按计划标准来衡量和检查所取得的成果,纠正所发生的偏差,使目标和计划得以实现的管理活动。

质量控制是动态控制,是有限循环的开环控制,强调过程控制。要做到主动控制与被动控制相结合,并力求加大主动控制在控制过程中的比例。

4.2 质量管理体系

4.2.1 质量保证体系

4.2.1.1 质量保证体系的概念

质量保证体系是为使人们确信某产品或某项服务能满足给定的质量要求所必需的全部有计划、有系统的活动。在工程项目建设中,完善的质量保证体系可以满足用户的质量要求。质量保证体系通过对那些影响设计的或是使用规范性的要素进行连续评价,并对建筑、安装、检验等工作进行检查,以取得用户的信任,并提供证据。因此,质量保证体系是企业内部的一种管理手段,在合同环境中,质量保证体系是施工单位取得建设单位信任的手段。

4.2.1.2 质量保证体系的内容

工程项目的施工质量保证体系就是以控制和保证施工产品质量为目标,从施工准备、施工生产到竣工投产的全过程,运用系统的概念和方法,在全体人员的参与下,建立一套严密、协调、高效的全方位的管理体系,从而使工程项目施工质量管理制度化、标准化。其内容主要包括以下几个方面。

1. 项目施工质量目标

项目施工质量保证体系,必须有明确的质量目标,并符合项目质量总目标的要求;要以工程承包合同为基本依据,逐级分解目标以形成在合同环境下的项目施工质量保证体系的各级质量目标。项目施工质量目标的分解主要从两个角度展开,即:从时间角度展开,实施全过程的控制;从空间角度展开,实现全方位和全员的质量目标管理。

2. 项目施工质量计划

项目施工质量保证体系应有可行的质量计划。质量计划应根据企业的质量手册和项目质量目标来编制。工程项目施工质量计划可以按内容分为施工质量工作计划和施工质量成本计划。

施工质量工作计划主要包括:质量目标的具体描述和定量描述整个项目施工质量形成的各工作环节的责任和权限;采用的特定程序、方法和工作指导书;重要工序(工作)的试验、检验、验证和审核大纲;质量计划修订程序;为达到质量目标所采取的其他措施。

施工质量成本计划是规定最佳质量成本水平的费用计划,是开展质量成本管理的基准。质量成本可分为运行质量成本和外部质量保证成本。运行质量成本是指为运行质量体系达到和保持规定的质量水平所支付的费用,包括预防成本、鉴定成本、内部损失成本和外部损失成本。外部质量保证成本是指依据合同要求向顾客提供所需要的客观证据所支付的费用,包括特殊的和附加的质量保证措施、程序、数据、证实试验和评定的费用。

3.思想保证体系

用全面质量管理的思想、观点和方法,使全体人员真正树立起强烈的质量意识。主要通过树立“质量第一”的观点,增强质量意识,贯彻“一切为用户服务”的思想,以达到提高施工质量的目的。

4.组织保证体系

工程施工质量是各项管理工作成果的综合反映,也是管理水平的具体体现。必须建立健全各级质量管理组织,分工负责,形成一个有明确任务、职责、权限、互相协调和互相促进的有机整体。

组织保证体系主要由成立质量管理小组(QC 小组);健全各种规章制度;明确规定各职能部门主管人员和参与施工人员在保证和提高工程质量中所承担的任务、职责和权限;建立质量信息系统等内容构成。

5.工作保证体系

工作保证体系主要是明确工作任务和建立工作制度,要落实在以下三个阶段:

(1)施工准备阶段的质量控制。施工准备是为整个工程施工创造条件,准备工作的好坏,不仅直接关系到工程建设能否高速、优质地完成,而且也决定了能否对工程质量事故起到一定的预防、预控作用。因此,做好施工准备的质量控制是确保施工质量的首要工作。

(2)施工阶段的质量控制。施工过程是建筑产品形成的过程,这个阶段的质量控制是确保施工质量的关键。必须加强工序管理,建立质量检查制度,严格实行自检、互检和专检,开展群众性的 QC 活动,强化过程控制,以确保施工阶段的工作质量。

(3)竣工验收阶段的质量控制。工程竣工验收,是指单位工程或单项工程竣工,经检查验收,移交给下道工序或移交给建设单位。这一阶段主要应做好成品保护,严格按规范标准进行检查验收和必要的处置,不让不合格工程进入下一道工序或进入市场,并做好相关资料的收集整理和移交,建立回访制度等。

4.2.1.3 质量保证体系的运行

质量保证体系的运行,应以质量计划为主线,以过程管理为重心,按照 PDCA 循环的原理,通过计划、实施、检查和处理的步骤展开控制。质量保证体系运行状态和结果的信息应及时反馈,以便进行质量保证体系的能力评价。

PDCA 循环是由美国质量管理专家戴明(W. E. Deming)首先提出的,又叫戴明环。这一循环通过计划P(Plan)、实施D(Do)、检查C(Check)、处理A(Action)四个阶段及其具体化的八个步骤把经营和生产过程中的管理有机地联系起来。

1. PDCA循环的基本内容

1)计划阶段(P)包括的四个步骤

第一步,运用数据分析现状,找出存在的质量问题。

第二步,分析产生问题的原因或影响工程产品质量的因素。

第三步,找出影响质量的主要原因或主要因素。

第四步,针对主要因素,制订质量改进措施方案,应重点说明的问题是:①制订措施的原因;②要达到的目的;③何处执行;④什么时间执行;⑤谁来执行;⑥采用什么方法执行。

2)执行阶段(D)包括的一个步骤

第五步,按制订的方案去实施或执行。

3)检查阶段(C)包括的一个步骤

第六步,检查实施或执行的效果,及时发现执行中的经验和问题。

4)处理阶段(A)包括的两个步骤

第七步,对总体取得的成果进行标准化处理,以便遵照执行。

第八步,将遗留的问题放在下一个PDCA循环中进一步解决。

2. PDCA循环的特点

(1)周而复始,循环不停。PDCA循环是一个科学管理循环,每次循环都会把质量管理活动向前推进一步。

(2)步步高。PDCA循环每一次都在原水平上提高一步,每一步有新的内容和目标,就像爬楼梯一样,步步高。

(3)大环套小环。PDCA循环由许多大大小小的环嵌套组成,大环就是整个施工企业,小环就是施工队,各环之间互相协调、互相促进。

4.2.2 施工企业质量管理体系

4.2.2.1 质量管理原则

GB/T 19001—2000质量管理体系是我国按同等原则从2000年版ISO9000族国际标准转化而成的质量管理体系标准。八项质量管理原则是2000年版ISO9000族标准的编制基础,它的贯彻执行能够促进企业管理水平的提高,并提高顾客对其产品或服务的满意程度,帮助企业达到持续成功的目的。质量管理八项原则的具体内容如下。

1. 以顾客为关注焦点

组织(从事一定范围生产经营活动的企业)依存于顾客。因此,组织应当理解顾客当前和未来的需求,满足顾客要求并争取超越顾客期望。

2. 领导作用

领导者建立组织统一的宗旨及方向,他们应当创造并保持使员工能充分参与实现组织目标的内部环境,他们对于质量管理来说起着决定性的作用。

3. 全员参与的原则

各级人员是组织之本,只有他们充分参与,才能令他们的才干为组织带来收益。组织的质量管理有利于各级人员的全员参与,组织应对员工进行质量意识等各方面的教育,激发他们的工作积极性和责任感,为其能力、知识、经验的提高提供机会,发挥创造精神,给予必要的物质和精神奖励,使全员积极参与,为达到让顾客满意的目标而奋斗。

4. 过程方法

任何使用资源进行生产活动和将输入转化为输出的一组相关联的活动都可视为过程,将相关的资源和活动作为过程进行管理,可以更高效地得到期望的结果。2000 年版 ISO 9000 标准就是建立在过程控制的基础上。一般在过程的输入端、过程的不同位置及输出端都存在着可进行测量、检查的机会和控制点,对这些控制点实行测量、检测和管理,便能控制过程的有效实施。

5. 管理的系统方法

将相互关联的过程作为系统加以识别、理解和管理,有助于组织提高实现目标的有效性和效率。不同企业应根据自己的特点,建立资源管理、过程实现、测量分析改进等方面的关联关系,并加以控制,即采用过程网络的方法建立质量管理体系,实施系统管理。质量管理体系的建立一般包括:确定顾客期望;建立质量目标和方针;确定实现目标的过程和职责;确定必须提供的资源;规定测量过程有效性的方法;实施测量确定过程的有效性,确定防止不合格并清除产生原因的措施,建立和应用持续改进质量管理体系的过程。

6. 持续改进

持续改进总体业绩应当是组织的一个永恒目标,其作用在于增强企业满足质量要求的能力,包括产品质量、过程及体系的有效性和效率的提高。持续改进是增强满足质量要求能力的循环活动,可以使企业的质量管理走上良性循环的道路。

7. 基于事实的决策方法

有效的决策应建立在数据和信息分析的基础上,数据和信息分析是事实的高度提炼。以事实为依据作出决策,可以防止决策失误,因此企业领导应重视数据信息的收集、汇总和分析,以便为决策提供依据。

8. 与供方互利的关系

组织与供方建立相互依存的、互利的关系可增强双方创造价值的能力。供方提供的产品是企业提供产品的一个组成部分。能否处理好与供方的关系,影响到组织能否持续稳定地向顾客提供满意的产品。因此,对供方不能只讲控制不讲合作互利,特别是对关键供方,更要建立互利互惠的合作关系,这对双方都是十分重要的。

4.2.2.2 企业质量管理体系文件构成

1. GB/T 19000—2000 质量管理体系标准中的规定

要求企业重视质量体系文件的编制和使用,编制和使用质量体系文件本身就是一项具有动态管理要求的活动。质量体系的建立、健全要从编制完善的体系文件开始,质量体系的运行、审核与改进都要按照文件的规定进行,质量管理实施的结果也要形成文件,作为产品质量符合质量体系要求、质量体系有效的证据。

2. 质量管理文件的组成内容

质量管理文件包括形成文件的质量方针和质量目标;质量手册;质量管理标准所要求的各种生产、工作和管理的程序性文件,质量管理标准所要求的质量记录。

(1)质量方针和质量目标。一般以较为简洁的文字来表述,应反映用户及社会对工程质量的要求及企业相应的质量水平和服务承诺。

(2)质量手册。是规定企业组织建立质量管理体系的文件,对企业质量体系作了系统、完整和概要的描述,作为企业质量管理体系的纲领性文件,具有指令性、系统性、协调性、先进性、可行性和可检查性的特点。其内容一般有:企业的质量方针、质量目标,组织结构及质量职责,体系要素或基本控制程序,质量手册的评审、修改和控制的管理办法。

(3)程序文件。质量管理体系程序文件是质量手册的支持性文件,是企业各职能部门落实质量手册要求而规定的细则。企业为落实质量管理工作而建立的各项管理标难、规章制度等都属于程序文件的范畴。一般企业都应制定的通用性管理程序为:文件控制程序、质量记录管理程序、内部审核程序、不合格品控制程序、纠正措施控制程序、预防措施控制程序。

涉及产品质量形成过程各环节控制的程序文件不作统一规定,可视企业质量控制的需要而制定。为确保过程的有效运行和控制,在程序文件的指导下,尚可按管理需要编制相关文件,如作业指导书、操作手册、具体工程的质量计划等。

(4)质量记录。是产品质量水平和企业质量管理体系中各项质量活动进行及结果的客观反映。对质量体系程序文件所规定的运行过程及控制测量检查的内容应如实记录,用以证明产品质量达到合同要求及质量保证的满足程度。

质量记录以规定的形式和程序进行,并有实施、验证、审核等人员的签署意见。应完整地反映质量活动实施、验证和评审的情况并记载关键活动的过程参数,具有可追溯性的特点。

4.2.2.3 企业质量管理体系的建立、运行和审核

(1)企业质量管理体系的建立。以八项质量管理为原则,在确定市场及顾客需求的前提下,制定企业的质量方针、质量目标、质量手册、程序文件及质量记录等体系文件,确定企业在生产或服务全过程的作业内容、程序要求和工作标准,并将质量目标分解落实到相关层次、相关岗位的职能和职责中,形成企业质量管理体系执行系统的一系列工作。其中还包括组织不同层次的员工培训,使员工了解体系工作和执行要求,为形成全员参与的质量管理体系的运行创造条件。

体系的建立需识别并提供实现质量目标和持续改进所需的资源,包括人员、工作要求及目标分解的岗位职责进行操作运行。

(2)企业质量管理体系的运行。质量管理体系的运行是指生产及服务的全过程按质量管理文件体系制定的程序、标准、工作要求及目标分解的岗位职责进行操作运行。

质量管理体系运行应该按照各类体系文件的要求,监视、测量和分析过程的有效性和效率,同时做好文件规定的质量记录,持续收集、记录并分析过程的数据和信息,全面体现产品的质量和过程符合要求及可追溯的效果。

(3)企业质量管理体系的审核。按文件规定的办法进行管理评审和考核,内容是:过程运行的评审考核工作,应针对发现的主要问题及时采取必要的改进措施,使这些过程达到所策划的结果和实现对过程的持续改进。

质量体系的内部审核程序的主要目的是评价质量管理程序的执行情况及实用性;揭

露过程中存在的问题，为质量改进提供依据；建立质量体系运行的信息；向外部审核单位提供体系有效的证据。

4.2.2.4 企业质量管理体系的认证与监督

1. 质量管理体系认证的意义

质量认证制度是由第三方认证机构对企业的产品及质量体系作出正确可靠的评价，使社会对企业产品建立信心。它对供方、需方、社会和国家的利益有重要意义。质量管理体系认证的意义包括：①提高供方企业的质量信誉；②增强国际市场竞争能力；③减少社会重复检验和检查费用；④有利于保护消费者权益；⑤有利于法规的实施；⑥促进企业完善质量体系。

2. 质量管理体系的申报及批准程序

(1)申请和受理。必须是具有法人资格的企业，并且按照 GB/T 19000—2000 系统标准或其他国际公认的质量体系规范建立了文件化的质量管理体系，并且在生产经营全过程得到落实贯彻的才可提出申请。申请单位按照要求填写申请书，认证机构经严格审查符合要求后接受申请，不符合则不接受申请，均予发出书面通知书。

(2)审核。认证机构派出审核组对申请方质量管理体系进行检查和评定，包括文件审查、现场审核，并写出审核报告。

(3)审批和注册发证。审核报告经过认证机构全面仔细的审查后，符合标准者批准并予以注册，发放认证证书。认证证书的内容包括证书号、注册企业名称和地址、认证和质量体系覆盖产品的范围、评价依据及质量保证模式标准及说明、发证机构、签发人和签发日期。

3. 获准认证后的维持与监督管理

企业获准认证的有效期是三年，企业获准认证后应通过经常性的内部审核，维持质量管理体系的有效性，并接受认证机构的监督管理，具体内容包括：

(1)企业通报。认证合格的企业质量管理体系文件一旦发生较大的变化，须向认证机构通告，认证机构接到通知后视情况进行必要的监督检查。

(2)监督检查。认证机构对认证合格的企业的维持情况要进行定期和不定期的监督检查，定期检查一般为每年一次，不定期检查视需要临时安排。

(3)认证注销。是一种自愿行为，在企业体系发生变化或证书有效期届满时未提出申请的情况下，持证者提出注销的，认证机构予以注销，收回体系认证书。

(4)认证暂停。是认证机构对获证企业质量管理体系不符合认证要求时采取的警告措施，暂停期间企业不得用认证体系证书作为宣传。采取纠正措施满足规定条件后，认证机构撤销认证暂停，否则将撤销认证注册，收回合格证书。

(5)认证撤销。当获证企业发生重大不符合规定的情况或在认证暂停期间没有进行整改的，或发生其他构成撤销体系认证资格情况时，认证机构有权做出撤销认证的决定，企业可以提出申诉。撤销认证的企业一年后可重新提出认证申诉。

(6)复评。认证合格有效期满前，企业如果愿意继续延长，可向认证机构提出复评申请。

(7)重新换证。在认证有效期内出现体系认证标准的变更、体系认证范围变更、体系证书持有者变更,可按规定重新换证。

4.3 质量控制与竣工验收

4.3.1 质量控制

4.3.1.1 施工阶段质量控制的目标

(1)施工质量控制的总目标。贯彻执行建设工程质量法规和强制性标准,实现工程项目预期的使用功能和质量标准。

(2)建设施工单位的质量控制目标。正确配置施工生产要素和采用科学管理的方这是建设工程参与各方的共同责任。通过施工全过程的全面质量监督管理、协调和决策,保证竣工项目达到投资决策所确定的质量标准。

(3)设计单位在施工阶段的质量控制目标。通过对施工质量的验收签证、设计变更控制及纠正施工中所发现的设计问题,采纳变更设计的合理化建议等,保证竣工项目的各项施工结果与设计文件(包括变更文件)所规定的标准相一致。

(4)施工单位的质量控制目标。通过施工全过程的全面质量自控,保证交付满足施工合同及设计文件所规定的质量标准(含工程质量创优要求)的建设工程产品。

(5)监理单位在施工阶段的质量控制的目标。通过审核施工质量文件、报告报表及现场旁站检查、平行检测、施工指令、结算支付控制等手段的应用,监控施工承包单位的质量活动行为,协调施工关系,正确履行工程质量的监督责任,以保证工程质量达到施工合同和设计文件所规定的质量标准。

4.3.1.2 质量控制的基本内容和方法

1. 质量控制的基本环节

质量控制应贯彻全面全过程质量管理的思想,运用动态控制原理,进行质量的事前质量控制、事中质量控制和事后质量控制。

1)事前质量控制

事前质量控制即在正式施工前进行的事前主动质量控制,通过编制施工质量计划,明确质量目标,制订施工方案,设置质量管理点,落实质量责任,分析可能导致质量目标偏离的各种影响因素,针对这些影响因素制订有效的预防措施,防患于未然。

2)事中质量控制

事中质量控制指在施工质量形成过程中,对影响施工质量的各种因素进行全面的动态控制。事中控制首先是对质量活动的行为约束,其次是对质量活动过程和结果的监督控制。事中质量控制的关键是坚持质量标准,控制的重点是工序质量、工作质量和质量控制点的控制。

3)事后质量控制

事后质量控制也称为事后质量把关,以使不合格的工序或最终产品(包括单位工程或整个工程项目)不流入下道工序、不进入市场。事后质量控制包括对质量活动结果的评价、认定和对质量偏差的纠正。控制的重点是发现施工质量方面的缺陷,并通过分析提出施工质量改进的措施,保持质量处于受控状态。

以上三大环节不是互相孤立和截然分开的,它们共同构成有机的系统过程,实质上也就是质量管理 PDCA 循环的具体化,在每一次滚动循环中不断提高,达到质量管理和质量控制的持续改进。

2. 质量控制的依据

1)共同性依据

共同性依据指适用于施工阶段且与质量管理有关的通用的、具有普遍指导意义和必须遵守的基本条件。主要包括:工程建设合同;设计文件、设计交底及图纸会审记录、设计修改和技术变更等;国家和政府有关部门颁布的与质量管理有关的法律和法规性文件,如《建筑法》《招标投标法》和《质量管理条例》等。

2)专门技术法规性依据

专门技术法规性依据指针对不同的行业、不同质量控制对象制定的专门技术法规文件。包括规范、规程、标准、规定等,如:工程建设项目质量检验评定标准,有关建筑材料、半成品和构配件的质量方面的专门技术法规性文件,有关材料验收、包装和标志等方面的技术标准和规定,施工工艺质量等方面的技术法规性文件,有关新工艺、新技术、新材料、新设备的质量规定和鉴定意见等。

3. 质量控制的基本内容和方法

1)质量文件审核

审核有关技术文件、报告或报表,是项目经理对工程质量进行全面管理的重要手段。这些文件包括:施工单位的技术资质证明文件和质量保证体系文件,施工组织设计和施工方案及技术措施,有关材料和半成品及构配件的质量检验报告,有关应用新技术、新工艺、新材料的现场试验报告和鉴定报告,反映工序质量动态的统计资料或控制图表,设计变更和图纸修改文件,有关工程质量事故的处理方案,相关方面在现场签署的有关技术签证和文件等。

2)现场质量检查

现场质量检查的内容包括:

(1)开工前的检查,主要检查是否具备开工条件,开工后是否能够保持连续正常施工,能否保证工程质量。

(2)工序交接检查,对于重要的工序或对工程质量有重大影响的工序,应严格执行“三检”制度,即自检、互检、专检。未经监理工程师(或建设单位技术负责人)检查认可,不得进行下道工序施工。

(3)隐蔽工程的检查,施工中凡是隐蔽工程必须检查认证后方可进行隐蔽掩盖。

(4)停工后复工的检查,因客观因素停工或处理质量事故等停工复工时,经检查认可后方能复工。

(5)分项、分部工程完工后的检查,应经检查认可,并签署验收记录后,才能进行下一工程项目的施工。

(6)成品保护的检查,检查成品有无保护措施以及保护措施是否有效可靠。

现场质量检查的方法主要有目测法、实测法和试验法等。

①目测法即凭借感官进行检查,也称观感质量检验。其手段可概括为“看、摸、敲、照”四个字。所谓看,就是根据质量标准要求进行外观检查。例如,清水墙面是否洁净,喷涂的密实度和颜色是否良好、均匀,工人的操作是否正常,内墙抹灰的大面及口角是否平直,混凝土外观是否符合要求等;摸,就是通过触摸手感进行检查、鉴别。例如油漆的光滑度,浆活是否牢固、不掉粉等;敲,就是运用敲击工具进行音感检查,例如对地面工程、装饰工程中的水磨石、面砖、石材饰面等,均应进行敲击检查;照,就是通过人工光源或反射光照射,检查难以看到或光线较暗的部位,例如管道井、电梯井等内的管线、设备安装质量,装饰吊顶内连接及设备安装质量等。

②实测法就是通过实测数据与施工规范、质量标准的要求及允许偏差值进行对照,以此判断质量是否符合要求。其手段可概括为“靠、量、吊、套”四个字。所谓靠,就是用直尺、塞尺检查诸如墙面、地面、路面等的平整度;量,就是指用测量工具和计量仪表等检查断面尺寸、轴线、标高、湿度、温度等的偏差,例如大理石板拼缝尺寸与超差数量,摊铺沥青拌和料的温度,混凝土坍落度的检测等;吊,就是利用托线板以及线锤吊线检查垂直度,例如砌体垂直度检查、门窗的安装等;套,是以方尺套方,辅以塞尺检查,例如对阴阳角的方正、踢脚线的垂直度、预制构件的方正、门窗口及构件的对角线检查等。

③试验法是指通过必要的试验手段对质量进行判断的检查方法。主要包括:

a. 理化试验工程中常用的理化试验包括物理力学性能方面的检验和化学成分及其含量的测定等两个方面。力学性能的检验如各种力学指标的测定,包括抗拉强度、抗压强度、抗弯强度、抗折强度、冲击韧性、硬度、承载力等。各种物理性能方面的测定如密度、含水量、凝结时间、安定性及抗渗、耐磨、耐热性能等。化学成分及其含量的测定如钢筋中的磷、硫含量,混凝土中粗骨料中的活性氧化硅成分,以及耐酸、耐碱、抗腐蚀性等。此外,根据规定有时还需进行现场试验,例如,对桩或地基的静载试验、下水管道的通水试验、压力管道的耐压试验、防水层的蓄水或淋水试验等。

b. 无损检测利用专门的仪器仪表从表面探测结构物、材料、设备的内部组织结构或损伤情况。常用的无损检测方法有超声波探伤、X 射线探伤、γ 射线探伤等。

4.3.2 施工准备的质量控制

4.3.2.1 施工质量控制的准备工作

1. 工程项目划分

一个建设工程从施工准备开始到竣工交付使用,要经过若干工序、工种的配合施工。施工质量的优劣取决于各个施工工序、工种的管理水平和操作质量。因此,为了便于控制、检查、评定和监督每个工序和工种的工作质量,就要把整个工程逐级划分为单位工程、分部工程、分项工程和检验批,并分级进行编号,据此来进行质量控制和检查验收,这是进行施工质量控制的一项重要基础工作。

2. 技术准备的质量控制

技术准备是指在正式开展施工作业活动前进行的技术准备工作。这类工作内容繁多,主要在室内进行,例如:熟悉施工图纸,进行详细的设计交底和图纸审查;进行工程项目划分和编号;细化施工技术方案和施工人员、机具的配置方案,编制施工作业技术指导书,绘制各种施工详图(如测量放线图、大样图及配筋、配板、配线图表等),进行必要的技术交底和技术培训。技术准备的质量控制,包括对上述技术准备工作成果的复核审查,检查这些成果是否符合相关技术规范、规程的要求和对施工质量的保证程度;制订施工质量控制计划,设置质量控制点,明确关键部位的质量管理点等。

4.3.2.2 现场施工准备的质量控制

(1)工程定位和标高基准的控制。工程测量放线是建设工程产品由设计转化为实物的第一步。施工测量质量的好坏,直接决定工程的定位和标高是否正确,并且制约施工过程有关工序的质量。因此,施工单位必须对建设单位提供的原始坐标点、基准线和水准点等测量控制点进行复核,并将复测结果上报监理工程师审核,批准后施工单位才能建立施工测量控制网,进行工程定位和标高基准的控制。

(2)施工平面布置的控制。建设单位应按照合同约定并考虑施工单位施工的需要,事先划定并提供施工用地和现场临时设施用地的范围。施工单位要合理科学地规划使用好施工场地,保证施工现场的道路畅通、材料的合理堆放、良好的防洪排水能力、充分的给水和供电设施以及正确的机械设备的安装布置。应制定施工场地质量管理制度,并做好施工现场的质量检查记录。

4.3.2.3 材料的质量控制

建设工程采用的主要材料、半成品、成品、建筑构配件等(统称"材料")均应进行现场验收。凡涉及工程安全及使用功能的有关材料,应按各专业工程质量验收规范规定进行复验,并应经监理工程师(建设单位技术负责人)检查认可。为了保证工程质量,施工单位应从以下几个方面把好原材料的质量控制关。

1.采购订货关

施工单位应制订合理的材料采购供应计划,在广泛掌握市场材料信息的基础上,优选材料的生产单位或者销售总代理单位(简称"材料供货商"),建立严格的合格供应方资格审查制度,确保采购订货的质量。

(1)材料供货商对下列材料必须提供《生产许可证》:钢筋混凝土用热轧带肋钢筋、冷轧带肋钢筋、预应力混凝土用钢材(钢丝、钢棒和钢绞线)、建筑防水卷材、水泥、建筑外窗、建筑幕墙、建筑钢管脚手架扣件、人造板、铜及铜合金管材、混凝土输水管、电力电缆等材料产品。

(2)材料供货商对下列材料必须提供《建材备案证明》:水泥、商品混凝土、商品砂浆、混凝土掺合料、混凝土外加剂、烧结砖、砌块、建筑用砂、建筑用石、排水管、给水管、电工套管、防水涂料、建筑门窗、建筑涂料、饰面石材、木制板材、沥青混凝土、三渣混合料等材料产品。

(3)材料供货商要对外墙外保温、外墙内保温材料实施建筑节能材料备案登记。

(4)材料供货商要对下列产品实施强制性产品认证(简称 CCC,或 3C 认证):

建筑安全玻璃(包括钢化玻璃、夹层玻璃、中空玻璃)、瓷质砖、混凝土防冻剂、溶剂型木器涂料、电线电缆、断路器、漏电保护器、低压成套开关设备等产品。

(5)除上述材料或产品外,材料供货商对其他材料或产品必须提供出厂合格证或质量证明书。

2. 进场检验关

施工单位必须进行下列材料的抽样检验或试验，合格后才能使用：

（1）水泥物理力学性能检验。同一生产厂、同一等级、同一品种、同一批号且连续进场的水泥，袋装不超过200 t为一检验批，散装不超过500 t为一检验批，每批抽样不少于一次。取样应在同一批水泥的不同部位等量采集，取样点不少于20个点，并应具有代表性，且总质量不少于12 kg。

（2）钢筋（含焊接与机械连接）力学性能检验。同一牌号、同一炉罐号、同一规格、同一等级、同一交货状态的钢筋，每批不大于60 t。从每批钢筋中抽取5%进行外观检查。力学性能试验从每批钢筋中任选两根钢筋，每根取两个试样分别进行拉伸试验（包括屈服点、抗拉强度和伸长率）和冷弯试验。钢筋闪光对焊、电弧焊、电渣压力焊、钢筋气压焊，在同一台班内，由同一焊工完成的300个同级别、同直径钢筋焊接接头应作为一批；封闭环式箍筋闪光对焊接头，以600个同牌号、同规格的接头作为一批，只做拉伸试验。

（3）砂、石常规检验。购货单位应按同产地、同规格分批验收。用火车、货船或汽车运输的，以400 m^3或600 t为一验收批，用马车运输的，以200 m^3 或300 t为一验收批。

（4）混凝土、砂浆强度检验。每拌制100盘且不超过100 m^3 的同配合比的混凝土取样不得少于一次。当一次连续浇筑超过1 000 m^3 时，同配合比的混凝土每200 m^3 取样不得少于一次。

同条件养护试件的留置组数，应根据实际需要确定。同一强度等级的同条件养护试件，其留置数量应根据混凝土工程量和重要性确定，为3～10组。

（5）混凝土外加剂检验。混凝土外加剂是由混凝土生产厂根据产量和生产设备条件，将产品分批编号，掺量大于1%（含1%）同品种的外加剂每一编号100 t，掺量小于1%的外加剂每一编号为50 t，同一编号的产品必须是混合均匀的。其检验费由生产厂自行负责。建设单位只负责施工单位自拌的混凝土外加剂的检测费用，但现场不允许自拌大量的混凝土。

（6）沥青、沥青混合料检验。沥青卷材和沥青：同一品种、牌号、规格的卷材，抽验数量为1 000卷抽取5卷；500～1 000卷抽取4卷；100～499卷抽取3卷；小于100卷抽取2卷。同一批出厂，同一规格标号的沥青以20 t为一个取样单位。

（7）防水涂料检验。同一规格、品种、牌号的防水涂料，每10 t为一批，不足10 t者按一批进行抽检。

3. 存储和使用关

施工单位必须加强材料进场后的存储和使用管理，避免材料变质（如水泥的受潮结块、钢筋的锈蚀等）和使用规格、性能不符合要求的材料造成工程质量事故。例如，混凝土工程中使用的水泥，因保管不妥，放置时间过久，受潮结块就会失效。使用不合格或失效的劣质水泥，就会对工程质量造成危害。某住宅楼工程中使用了未经检验的安定性不合格的水泥，导致现浇混凝土楼板拆模后出现了严重的裂缝，随即对混凝土强度检验，结果其结构强度达不到设计要求，造成返工。在混凝土工程中由于水泥品种的选择不当或外加剂的质量低劣及用量不准同样会引起质量事故。如某学校的教学综合楼工程，在冬期进行基础混凝土施工时，采用火山灰质硅酸盐水泥配制混凝土，因工期要求较紧又使用了未经复试的不合格早强防冻剂,结果导致混凝土结构的强度不能满足设计要求,不得不返工重做。因此,施工单位既要做好对材料的合理调度,避免现场材料的大量积压,又要做好对材料的合理堆放,并正确使用材料,在使用材料时进行及时的检查和监督。

4.3.2.4 施工机械设备的质最控制

施工机械设备的质量控制,就是要使施工机械设备的类型、性能、参数等与施工现场的实际条件、施工工艺、技术要求等因素相匹配,符合施工生产的实际要求。其质量控制主要从机械设备的选型、主要性能参数指标的确定和使用操作要求等方面进行。

1. 机械设备的选型

机械设备的选择,应按照技术上先进、生产上适用、经济上合理、使用上安全、操作上方便的原则进行。选配的施工机械应具有工程的适用性,具有保证工程质量的可靠性,具有使用操作的方便性和安全性。

2. 主要性能参数指标的确定

主要性能参数是选择机械设备的依据,其参数指标的确定必须满足施工的需要和保证质量的要求。只有正确地确定主要的性能参数,才能保证正常的施工,不致引起安全质量事故。

3. 使用操作要求合理

使用机械设备,正确地进行操作,是保证项目施工质量的重要环节。应贯彻“人机固定”原则,实行定机、定人、定岗位职责的使用管理制度,在使用中严格遵守操作规程和机械设备的技术规定,做好机械设备的例行保养工作,使机械保持良好的技术状态,防止出现安全质量事故,确保工程施工质量。

4.3.3 施工过程的质量控制

4.3.3.1 技术交底

做好技术交底是保证施工质量的重要措施之一。项目开工前应由项目技术负责人向承担施工的负责人或分包人进行书面技术交底,技术交底资料应办理签字手续并归档保存。每一分部工程开工前均应进行作业技术交底。技术交底书应由施工项目技术人员编制,并经项目技术负责人批准实施。

技术交底的内容主要包括:任务范围、施工方法、质量标准和验收标准,施工中应注意的问题,可能出现意外的措施及应急方案,文明施工和安全防护措施以及成品保护要求等。技术交底应围绕施工材料、机具、工艺、工法、施工环境和具体的管理措施等方面进行,应明确具体的步骤、方法、要求和完成的时间等。

技术交底的形式有:书面、口头、会议、挂牌、样板、示范操作等。

4.3.3.2 测量控制

项目开工前应编制测量控制方案,经项目技术负责人批准后实施。对相关部门提供的测量控制点应做好复核工作,经审批后进行施工测量放线,并保存测量记录。

在施工过程中应对设置的测量控制点线妥善保护,不准擅自移动。同时在施工过程中必须认真进行施工测量复核工作,这是施工单位应履行的技术工作职责,其复核结果应报送监理工程师复验确认后,方能进行后续相关工序的施工。

常见的施工测量复核有：

(1)工业建筑测量复核。厂房控制网测量、桩基施工测量、柱模轴线与高程检测、厂房结构安装定位检测、设备基础与预埋螺栓定位检测等。

(2)民用建筑的测量复核。建筑物定位测量、基础施工测量、墙体皮数杆检测、楼层轴线检测、楼层间高程传递检测等。

(3)高层建筑测量复核。建筑场地控制测量、基础以上的平面与高程控制、建筑物垂线检测、建筑物施工过程中沉降变形观测等。

(4)管线工程测量复核。管网或输配电线路定位测量、地下管线施工检测、架空管线施工检测、多管线交会点高程检测等。

4.3.3.3 计量控制

计量控制是保证工程项目质量的重要手段和方法，是施工项目开展质量管理的一项重要基础工作。施工过程中的计量工作，包括施工生产时的投料计量、施工测量、监测计量以及对项目、产品或过程的测试、检验、分析计量等。其主要任务是统一计量单位制度，组织量值传递，保证量值统一。计量控制的工作重点是：建立计量管理部门和配置计量人员；建立健全和完善计量管理的规章制度；严格按规定有效控制计量器具的使用、保管、维修和检验；监督计量过程的实施，保证计量的准确。

4.3.3.4 工序施工质量控制

施工过程由一系列相互联系与制约的工序构成，工序是人、材料、机械设备、施工方法和环境因素对工程质量综合起作用的过程，所以对施工过程的质量控制，必须以工序质量控制为基础和核心。因此，工序的质量控制是施工阶段质量控制的重点。只有严格控制工序质量，才能确保施工项目的实体质量。

工序施工质量控制主要包括工序施工条件质量控制和工序施工效果质量控制。

1. 工序施工条件控制

工序施工条件是指从事工序活动的各生产要素质量及生产环境条件。工序施工条件控制就是控制工序活动的各种投入要素质量和环境条件质量。控制的手段主要有：检查、测试、试验、跟踪监督等。控制的依据主要是：设计质量标准、材料质量标准、机械设备技术性能标准、施工工艺标准以及操作规程等。

2. 工序施工效果控制

工序施工效果主要反映工序产品的质量特征和特性指标。对工序施工效果的控制就是控制工序产品的质量特征和特性指标能否达到设计质量标准以及施工质量验收标准的要求。工序施工质量控制属于事后质量控制，其控制的主要途径是：实测获取数据、统计分析所获取的数据、判断认定质量等级和纠正质量偏差。

4.3.3.5 特殊过程的质量控制

特殊过程是指该施工过程或工序的施工质量不易或不能通过其后的检验和试验而得到充分的验证，或者万一发生质量事故则难以挽救的施工过程。特殊过程的质量控制是施工阶段质量控制的重点。对在项目质量计划中界定的特殊过程，应设置工序质量控制点，抓住影响工序施工质量的主要因素进行强化控制。

1. 选择质量控制点的原则

质量控制点的选择应以那些保证质量的难度大、对质量影响大或是发生质量问题时危害大的对象进行设置。选择的原则是：对工程质量形成过程产生直接影响的关键部位、工序或环节及隐蔽工程；施工过程中的薄弱环节，或者质量不稳定的工序、部位或对象；对下道工序有较大影响的上道工序；采用新技术、新工艺、新材料的部位或环节；施工上无把握的、施工条件困难的或技术难度大的工序或环节；用户反馈指出和过去有过返工的不良工序。

2. 质量控制点重点控制的对象

质量控制点的选择要准确、有效，要根据对重要质量特性进行重点控制的要求，选择质量控制的重点部位、重点工序和重点的质量因素作为质量控制的对象，进行重点预控和控制，从而有效地控制和保证施工质量。可作为质量控制点中重点控制的对象主要包括以下几个方面：

(1)人的行为。某些操作或工序，应以人为重点的控制对象，比如：高空、高温、水下、易燃易爆、重型构件吊装作业以及操作要求高的工序和技术难度大的工序等，都应从人的生理、心理、技术能力等方面进行控制。

(2)材料的质量与性能。这是直接影响工程质量的重要因素，在某些工程中应作为控制的重点。例如：钢结构工程中使用的高强螺栓、某些特殊焊接使用的焊条，都应重点控制其材质与性能；又如水泥的质量是直接影响混凝土工程质量的关键因素，施工中就应对进场的水泥质量进行重点控制，必须检查核对其出厂合格证，并按要求进行强度和安定性的复试等。

(3)施工方法与关键操作。某些直接影响工程质量的关键操作应作为控制的重点，如预应力钢筋的张拉工艺操作过程及张拉力的控制，是可靠地建立预应力值和保证预应力构件的关键过程。同时，那些易对工程质量产生重大影响的施工方法，也应列为控制的重点，如大模板施工中模板的稳定和组装问题、液压滑模施工时支承杆稳定问题、升板法施工中提升差的控制等。

(4)施工技术参数。如混凝土的外加剂掺量、水灰比，回填土的含水量，砌体的砂浆饱满度，防水混凝土的抗渗等级、钢筋混凝土结构的实体检测结果及混凝土冬期施工受冻临界强度等技术参数都是应重点控制的质量参数与指标。

(5)技术间歇。有些工序之间必须留有必要的技术间歇时间，例如砌筑与抹灰之间，应在墙体砌筑后留 6 ~ 10 d 时间，让墙体充分沉陷、稳定、干燥，再抹灰，抹灰层干燥后，才能喷白、刷浆；混凝土浇筑与模板拆除之间，应保证混凝土有一定的硬化时间，达到规定拆模强度后方可拆除等。

(6)施工顺序。对于某些工序之间必须严格控制先后的施工顺序，比如对冷拉的钢筋应当先焊接后冷拉，否则会失去冷强；屋架的安装固定，应采用对角同时施焊方法，否则会由于焊接应力导致校正好的屋架发生倾斜。

(7)易发生或常见的质量通病。例如：混凝土工程的蜂窝、麻面、空洞，墙、地面、屋面防水工程渗水、漏水、空鼓、起砂、裂缝等，都与工序操作有关，均应事先研究对策，提出预防措施。

(8)新技术、新材料及新工艺的应用。由于缺乏经验,施工时应将其作为重点进行控制。

(9)产品质量不稳定和不合格率较高的工序应列为重点,认真分析、严格控制。

(10)特殊地基或特种结构。对于湿陷性黄土、膨胀土、红黏土等特殊土地基的处理,以及大跨度结构、高耸结构等技术难度较大的施工环节和重要部位,均应予以特别的重视。

3. 特殊过程质量控制的管理

除按一般过程质量控制的规定执行外,还应由专业技术人员编制作业指导书,经项目技术负责人审批后执行。作业前施工员、技术员做好交底和记录,使操作人员在明确工艺标准、质量要求的基础上进行作业。为保证质量控制点的目标实现,应严格按照三级检查制度进行检查控制。当施工中发现质量控制点有异常时,应立即停止施工,召开分析会,查找原因采取对策予以解决。

4.3.3.6 成品保护的控制

所谓成品保护,一般是指在项目施工过程中,某些部位已经完成,而其他部位还在施工,在这种情况下,施工单位必须负责对已完成部分采取妥善的措施予以保护,以免因成品缺乏保护或保护不善而造成损伤或污染,影响工程的实体质量。加强成品保护,首先要加强教育,提高全体员工的成品保护意识,同时要合理安排施工顺序,采取有效的保护措施。

成品保护的措施一般有防护(就是提前保护,针对被保护对象的特点采取各种保护措施,防止对成品污染及损坏)、包裹(就是将被保护物包裹起来,以防损伤或污染)、覆盖(就是用表面覆盖的方法,防止堵塞或损伤)、封闭(就是采用局部封闭的办法进行保护)等几种方法。

4.3.4 工程施工质量验收的规定与方法

工程施工质量验收是施工质量控制的重要环节,也是保证工程施工质量的重要手段,它包括施工过程的工程质量验收和施工项目竣工质量验收两个方面。

4.3.4.1 施工过程的工程质量验收

施工过程的工程质量验收是在施工过程中,在施工单位自行质量检查评定的基础上,参与建设活动的有关单位共同对检验批、分项、分部、单位工程的质量进行抽样复验,根据相关标准以书面形式对工程质量达到合格与否做出确认。

(1)检验批质量验收合格应符合以下规定:

①主控项目和一般项目的质量经抽样检验合格;

②具有完整的施工操作依据、质量检查记录。

检验批是工程验收的最小单位,是分项工程乃至整个建筑工程质量验收的基础。检验批是施工过程中条件相同并有一定数量的材料、构配件或安装项目,由于其质量基本均匀一致,因此可以作为检验的基础单位,并按批验收。

检验批质量合格的条件有两个方面:资料检查合格、主控项目和一般项目检验合格。

质量控制资料反映了检验批从原材料到最终验收的各施工工序的操作依据、检查情况记录以及保证质量所必需的管理制度等。对其完整性的检查,实际是对过程控制的确认,这是检验批合格的前提。

检验批的合格质量主要取决于对主控项目和一般项目的检验结果。主控项目是对检验批的基本质量起决定性影响的检验项目,因此必须全部符合有关专业工程验收规范的规定。这意味着主控项目不允许有不符合要求的检验结果,即这种项目的检查具有否决权。鉴于主控项目对基本质量的决定性影响,必须从严要求。

(2)分项工程质量验收合格应符合以下规定:

①分项工程所含的检验批均应符合合格质量的规定。

②分项工程所含的检验批的质量验收记录应完整。

分项工程的验收在检验批的基础上进行。一般情况下,两者具有相同或相近的性质,只是批量的大小不同而已。因此,将有关的检验批汇集构成分项工程的检验。分项工程合格质量的条件比较简单,只要构成分项工程的各检验批的验收资料文件完整,并且均已验收合格,则分项工程验收合格。

(3)分部(子分部)工程质量验收合格应符合以下规定:

①分部(子分部)工程所含分项工程的质量均应验收合格。

②质量控制资料应完整。

③地基与基础、主体结构和设备安装等分部工程有关安全及功能的检验和抽样检测结果应符合有关规定。

④观感质量验收应符合要求。

分部工程的验收在其所含各分项工程验收的基础上进行。

分部工程验收合格的条件是:首先,分部工程的各分项工程必须已验收合格且相应的质量控制资料文件必须完整,这是验收的基本条件。此外,由于各分项工程的性质不尽相同,因此作为分部工程不能简单地组合而加以验收,尚须增加以下两类检查项目:

①涉及安全和使用功能的地基基础、主体结构及有关安全及重要使用功能的安装分部工程应进行有关见证取样送样试验或抽样检测。

②观感质量验收,这类检查往往难以定量,只能以观察、触摸或简单量测的方式进行,并由各个人的主观印象判断,检查结果并不给出“合格”或“不合格”的结论,而是综合给出质量评价。对于评价为“差”的检查点应通过返修处理等补救。

(4)单位(子单位)工程质量验收合格应符合以下规定:

①单位(子单位)工程所含分部(子分部)工程的质量均应验收合格。

②质量控制资料应完整。

③单位(子单位)工程所含分部工程有关安全和功能的检测资料应完整。

④主要功能项目的抽查结果应符合相关专业质量验收规范的规定。

⑤观感质量验收应符合要求。

(5)当建设工程质量不符合要求时应按以下规定进行处理:

①经返工重做或更换器具、设备的检验批,应重新进行验收。

②经有资质的检测单位检测鉴定能够达到设计要求的检验批,应予以验收。

③经有资质的检测单位检测鉴定达不到设计要求,但经原设计单位核算认可能够满

足结构安全和使用功能的检验批,可予以验收。

④经返修或加固处理的分项、分部工程,虽然改变外形尺寸但仍能满足安全使用要求的,可按技术处理方案和协商文件进行验收。

当质量不符合要求时的处理办法:一般情况下,不合格现象在最基层的验收单位——检验批验收时就应发现并及时处理,否则将影响后续批和相关的分项工程、分部工程的验收。因此,所有质量隐患必须尽快消灭在萌芽状态,这是以强化验收促进过程控制原则的体现。非正常情况的处理分以下四种情况:

第一种情况,是指在检验批验收时,其主控项目不能满足验收规范或一般项目超过偏差限值的子项目不符合检验规定的要求时,应及时进行处理的检验批。其中,严重的缺陷应推倒重来;一般的缺陷通过翻修或更换器具、设备予以解决,应允许施工单位在采取相应的措施后重新验收。如能够符合相应的专业工程质量验收规范,则应认为该检验批合格。

第二种情况,是指个别检验批发现试块强度等不满足要求等问题,难以确定是否验收时,应请具有资质的法定检测单位检测鉴定。当鉴定结果能够达到设计要求时,该检验批仍应认为通过验收。

第三种情况,若经检测鉴定达不到设计要求,但经原设计单位核算,仍能满足结构安全和使用功能的情况,该检验批可以予以验收。一般情况下,规范标准给出了满足安全和功能的最低限度要求,而设计往往在此基础上留有一些余量。不满足设计要求和符合相应规范标准的要求,两者并不矛盾。

第四种情况,更为严重的缺陷或者超过检验批的更大范围内的缺陷,可能影响结构的安全性和使用功能。若经法定检测单位检测鉴定以后认为达不到规范标准的相应要求,即不能满足最低限度的完全储备和使用功能,则必须按一定的技术方案进行加固处理,使之能保证其满足安全使用的基本要求。这样会造成一些永久性的缺陷,如改变结构外形尺寸,影响一些次要的使用功能等。为了避免社会财富更大的损失,在不影响安全和主要使用功能条件下可按处理技术方案和协商文件进行验收,责任方应承担经济责任,但不能作为轻视质量而回避责任的一种出路,这是应该特别注意的。

(6)通过返修或加固处理仍不能满足安全使用要求的分部工程、单位(子单位)工程,严禁验收。

4.3.4.2 施工项目竣工质量验收

施工项目竣工质量验收是施工质量控制的最后一个环节,是对施工过程质量控制成果的全面检验,是从终端把关方面进行质量控制。未经验收或验收不合格的工程,不得交付使用。

1. 施工项目竣工质量验收的依据

施工项目竣工质量验收的依据主要包括:上级主管部门的有关工程竣工验收的文件和规定,国家和有关部门颁发的施工规范、质量标准、验收规范,批准的设计文件、施工图纸及说明书,双方签订的施工合同,设备技术说明书,设计变更通知书,有关的协作配合协议书等。

2. 施工项目竣工质量验收的要求

(1)工程施工应符合工程勘察、设计文件的要求。

(2)参加工程施工质量验收的各方人员应具备规定的资格。

(3)工程质量的验收均应在施工单位自行检查评定的基础上进行。

(4)隐蔽工程在隐蔽前应由施工单位通知有关单位进行验收,并应形成验收文件。

(5)涉及结构安全的试块、试件以及有关材料,应按规定进行见证取样检测。

(6)检验批的质量应按主控项目和一般项目验收。

(7)对涉及结构安全和使用功能的重要分部工程应进行抽样检测。

(8)承担见证取样检测及有关结构安全检测的单位应具有相应资质。

(9)工程的观感质量应由验收人员通过现场检查,并应共同确认。

3. 施工项目竣工质量验收程序

工程项目竣工验收工作,通常可分为三个阶段,即竣工验收的准备、初步验收(预验收)和正式验收。

1)竣工验收的准备

参与工程建设的各方均应做好竣工验收的准备工作。其中建设单位应完成组织竣工验收班子,审查竣工验收条件,准备验收资料,做好建立建设项目档案、清理工程款项、办理工程结算手续等方面的准备工作;监理单位应协助建设单位做好竣工验收的准备工作,督促施工单位做好竣工验收的准备;施工单位应及时完成工程收尾,做好竣工验收资料的准备(包括整理各项交工文件、技术资料并提出交工报告),组织准备工程预验收;设计单位应做好资料整理和工程项目清理等工作。

2)初步验收(预验收)

当工程项目达到竣工验收条件后,施工单位在自检合格的基础上,填写工程竣工报验单,并将全部资料报送监理单位,申请竣工验收。监理单位根据施工单位报送的工程竣工报验申请,由总监理工程师组织专业监理工程师,对竣工资料进行审查,并对工程质量进行全面检查,对检查中发现的问题督促施工单位及时整改。经监理单位检查验收合格后,由总监理工程师签署工程竣工报验单,并向建设单位提出质量评估报告。

3)正式验收

项目主管部门或建设单位在接到监理单位的质量评估和竣工报验单后,经审查,确认符合竣工验收条件和标准,即可组织正式验收。竣工验收由建设单位组织,验收组由建设、勘察、设计、施工、监理和其他有关方面的专家组成,验收组可下设若干个专业组。建设单位应当在工程竣工验收 7 个工作日前将验收的时间、地点以及验收组名单书面通知当地工程质量监督站。召开竣工验收会议的程序是:

(1)建设、勘察、设计、施工、监理单位分别汇报工程合同履行情况和在工程建设各个环节执行法律、法规和工程建设强制性标准的情况。

(2)审阅建设、勘察、设计、施工、监理单位的工程档案资料。

(3)实地查验工程质量。

(4)对工程勘察、设计、施工、设备安装质量和各管理环节等方面作出全面评价,形成经验收组人员签署的工程竣工验收意见。参与工程竣工验收的建设、勘察、设计、施工、监理等各方不能形成一致意见时，应当协商提出解决方法，待意见一致后，重新组织工程竣工验收，必要时可提请建设行政主管部门或质量监督站调解。正式验收完成后，验收委员会应形成竣工验收鉴定证书，对验收做出结论，并确定交工日期及办理承发包双方工程价款的结算手续等。

4. 竣工验收鉴定证书的内容

竣工验收鉴定证书的内容主要包括验收的时间、验收工作概况、工程概况、项目建设情况、生产工艺及水平和生产设备试生产情况、竣工决算情况、工程质量的总体评价、经济效果评价、遗留问题及处理意见、验收委员会对项目(工程)验收结论。

4.4 工程质量事故的处理

4.4.1 工程质量事故分类

4.4.1.1 工程质量事故的概念

1. 质量不合格

我国 GB/T 19000—2000 质量管理体系标准规定，凡工程产品没有满足某个规定的要求，就称之为质量不合格；而没有满足某个预期使用要求或合理的期望(包括安全性方面)要求，称为质量缺陷。

2. 质量问题

凡是工程质量不合格，必须进行返修、加固或报废处理，由此造成直接经济损失低于 5 000 元的称为质量问题。

3. 质量事故

凡是工程质量不合格，必须进行返修、加固或报废处理，由此造成直接经济损失在 5 000元(含 5 000 元)以上的称为质量事故。

4.4.1.2 工程质量事故的分类

由于工程质量事故具有复杂性、严重性、可变性和多发性的特点，所以建设工程质量事故的分类有多种方法，但一般可按以下条件进行分类。

1. 按事故造成损失严重程度划分

(1)一般质量事故指经济损失在 5 000 元(含 5 000 元)以上，不满 5 万元的；或影响使用功能或工程结构安全，造成永久质量缺陷的。

(2)严重质量事故指直接经济损失在 5 万元(含 5 万元)以上，不满 10 万元的；或严重影响使用功能或工程结构安全，存在重大质量隐患的；或事故性质恶劣或造成 2 人以下重伤的。

(3)重大质量事故指工程倒塌或报废；或由于质量事故，造成人员死亡或重伤 3 人以上；或直接经济损失达 10 万元以上的。

(4)特别重大事故凡具备国务院发布的《特别重大事故调查程序暂行规定》所列发生一次死亡 30 人及其以上，或直接经济损失达 500 万元及其以上，或其他性质特别严重的情况之一均属特别重大事故。

2. 按事故责任分类

(1)指导责任事故。指由于工程实施指导或领导失误而造成的质量事故。例如,由于工程负责人片面追求施工进度,放松或不按质量标准进行控制和检验,降低施工质量标准等。

(2)操作责任事故。指在施工过程中,由于实施操作者不按规程和标准实施操作,而造成的质量事故。例如,浇筑混凝土时随意加水,或振捣疏漏造成混凝土质量事故等。

3. 按质量事故产生的原因分类

(1)技术原因引发的质量事故。是指在工程项目实施中由于设计、施工在技术上的失误而造成的质量事故。例如,结构设计计算错误,地质情况估计错误,采用了不适宜的施工方法或施工工艺等。

(2)管理原因引发的质量事故。指管理上的不完善或失误引发的质量事故。例如,施工单位或监理单位的质量体系不完善,检验制度不严密,质量控制不严格,质量管理措施落实不力,检测仪器设备管理不善而失准,材料检验不严等原因引起的质量事故。

(3)社会、经济原因引发的质量事故。是指由于经济因素及社会上存在的弊端和不正之风引起建设中的错误行为,而导致出现质量事故。例如,某些施工企业盲目追求利润而不顾工程质量;在投标报价中随意压低标价,中标后则依靠违法的手段或修改方案追加工程款,或偷工减料等,这些因素往往会导致出现重大工程质量事故,必须予以重视。

4.4.2 施工质量事故处理方法

4.4.2.1 施工质量事故处理的依据

1. 质量事故的实况资料

质量事故的实况资料包括质量事故发生的时间、地点,质量事故状况的描述,质量事故发展变化的情况,有关质量事故的观测记录、事故现场状态的照片或录像,事故调查组调查研究所获得的第一手资料。

2. 有关合同及合同文件

有关合同及合同文件包括工程承包合同、设计委托合同、设备与器材购销合同、监理合同及分包合同等。

3. 有关的技术文件和档案

有关的技术文件和档案主要是有关的设计文件(如施工图纸和技术说明)、与施工有关的技术文件、档案和资料(如施工方案、施工计划、施工记录、施工日志、有关建筑材料的质量证明资料、现场制备材料的质量证明资料、质量事故发生后对事故状况的观测记录、试验记录或试验报告等)。

4.4.2.2 施工质量事故的处理程序

1. 事故调查

事故发生后,施工项目负责人应按规定的时间和程序,及时向企业报告事故的状况,积极组织事故调查。事故调查应力求及时、客观、全面,以便为事故的分析与处理提供正确的依据。调查结果,要整理撰写成事故调查报告,其主要内容包括:工程概况,事故情况,事故发生后所采取的临时防护措施,事故调查中的有关数据、资料,事故原因分析与初步判断,事故处理的建议方案与措施,事故涉及人员与主要责任者的情况等。

2. 事故的原因分析

要建立在事故情况调查的基础上,避免情况不明就主观推断事故的原因。特别是对涉及勘察、设计、施工、材料和管理等方面的质量事故,往往事故的原因错综复杂,因此必须对调查所得到的数据、资料进行仔细的分析,去伪存真,找出造成事故的主要原因。

3. 制订事故处理的方案

事故的处理要建立在原因分析的基础上,并广泛地听取专家及有关方面的意见,经科学论证,决定事故是否进行处理和怎样处理。在制订事故处理方案时,应做到安全可靠,技术可行,不留隐患,经济合理,具有可操作性,满足建筑功能和使用要求。

4. 事故处理

根据制订的质量事故处理的方案,对质量事故进行认真的处理。处理的内容主要包括:事故的技术处理,以解决施工质量不合格和缺陷问题;事故的责任处罚,根据事故的性质、损失大小、情节轻重对事故的责任单位和责任人做出相应的行政处分直至追究刑事责任。

5. 事故处理的鉴定验收

质量事故的处理是否达到预期的目的,是否依然存在隐患,应当通过检查鉴定和验收做出确认。事故处理的质量检查鉴定,应严格按施工验收规范和相关的质量标准的规定进行,必要时还应通过实际量测、试验和仪器检测等方法获取必要的数据,以便准确地对事故处理的结果做出鉴定。事故处理后,必须尽快提交完整的事故处理报告,其内容包括:事故调查的原始资料、测试的数据,事故原因分析、论证,事故处理的依据,事故处理的方案及技术措施,实施质量处理中有关的数据、记录、资料,检查验收记录,事故处理的结论等。

4.4.2.3 施主质量事故处理的基本要求

(1)质量事故的处理应达到安全可靠、不留隐患、满足生产和使用要求、施工方便、经济合理的目的。

(2)重视消除造成事故的原因,注意综合治理。

(3)正确确定处理的范围和正确选择处理的时间和方法。

(4)加强事故处理的检查验收工作,认真复查事故处理的实际情况。

(5)确保事故处理期间的安全。

4.4.2.4 施工质量事故处理的基本方法

1. 修补处理

当工程的某些部分的质量虽未达到规定的规范、标准或设计的要求,存在一定的缺陷,但经过修补后可以达到要求的质量标准,又不影响使用功能或外观的要求,可采取修补处理的方法。例如该部位经修补处理后,某些混凝土结构表面出现蜂窝、麻面,经调查分析,不会影响其使用及外观;对混凝土结构局部出现的损伤,如结构受撞击、局部未振实、冻害、火灾、酸类腐蚀、碱骨料反应等,当这些损伤仅仅在结构的表面或局部,不影响其使用和外观,也可采取修补处理。再比如对混凝土结构出现的裂缝,经分析研究后如果不影响结构的安全和使用,可进行修补处理。例如,当裂缝宽度不大于 0.2 mm 时,可采用表面密封法；当裂缝宽度大于0.3 mm时，采用嵌缝密闭法；当裂缝较深时，则应采用灌浆修补的方法。

2.加固处理

加固处理主要是针对危及承载力的质量缺陷的处理。通过对缺陷的加固处理，使建筑结构恢复或提高承载力，重新满足结构安全性、可靠性的要求，使结构能继续使用或改作其他用途。例如，对混凝土结构常用加固的方法主要有增大截面加固法、外包角钢加固法、粘钢加固法、增设支点加固法、增设剪力墙加固法、预应力加固法等。

3.返工处理

当工程质量缺陷经过修补处理后仍不能满足规定的质量标准要求，或不具备补救可能性则必须采取返工处理。例如，某防洪堤坝填筑压实后，其压实土的干密度未达到规定值，经核算将影响土体的稳定且不满足抗渗能力的要求，须挖除不合格土，重新填筑，进行返工处理；某公路桥梁工程预应力按规定张拉系数为1.3；而实际仅为0.8，属严重的质量缺陷，也无法修补，只能返工处理。再比如某工厂设备基础的混凝土浇筑时掺入木质素磺酸钙减水剂，因施工管理不善，掺量多于规定7倍，导致混凝土坍落度大于180 mm，石子下沉，混凝土结构不均匀，浇筑后5 d仍然不凝固硬化，28 d的混凝土实际强度不到规定强度的32%，不得不返工重浇。

4.限制使用

当工程质量缺陷按修补方法处理后无法保证达到规定的使用要求和安全要求，而又无法返工处理的情况下，不得已时可做出诸如结构卸荷或减荷以及限制使用的决定。

5.不作处理

某些工程质量问题虽然达不到规定的要求或标准，但其情况不严重，对工程或结构的使用及安全影响很小，经过分析、论证、法定检测单位鉴定和设计单位等认可后可不专门作处理。一般可不作专门处理的情况有以下几种：

（1）不影响结构安全、生产工艺和使用要求的。例如，有的工业建筑物出现放线定位的偏差，且严重超过规范标准规定，若要纠正会造成重大经济损失，但经过分析、论证其偏差不影响生产工艺和正常使用，在外观上也无明显影响，可不作处理。又如，某些部位的混凝土表面的裂缝，经检查分析，属于表面养护不够的干缩微裂，不影响使用和外观，也可不作处理。

（2）后道工序可以弥补的质量缺陷。例如，混凝土结构表面的轻微麻面，可通过后续的抹灰、刮涂、喷涂等弥补，也可不作处理。再比如，混凝土现浇楼面的平整度偏差达到10 mm，但由于后续垫层和面层的施工可以弥补，所以也可不作处理。

（3）法定检测单位鉴定合格的。例如，某检验批混凝土试块强度值不满足规范要求，强度不足，但经法定检测单位对混凝土实体强度进行实际检测后，其实际强度达到规范允许和设计要求值时，可不作处理。对经检测未达到要求值，但相差不多，经分析论证，只要使用前经再次检测达到设计强度，也可不作处理，但应严格控制施工荷载。

（4）出现的质量缺陷，经检测鉴定达不到设计要求，但经原设计单位核算，仍能满足结构安全和使用功能的。例如，某一结构构件截面尺寸不足，或材料强度不足，影响结构承载力，但按实际情况进行复核验算后仍能满足设计要求的承载力时，可不进行专门处理。这种做法实际上是挖掘设计潜力或降低设计的安全系数,应谨慎处理。

6. 报废处理

出现质量事故的工程,通过分析或实践,采用上述处理方法后仍不能满足规定的质量要求或标准,则必须予以报废处理。

4.5 工程质量统计分析方法

现代质量管理通常利用质量分析法控制工程质量,即利用数理统计的方法,通过收集、整理、分析、利用质量数据,并以这些数据作为判断、决策和解决质量问题的依据,从而预测和控制产品质量。工程质量分析常用的数理统计方法有分层法、因果分析图法、排列图法、直方图法等。

4.5.1 分层法

分层法又叫分类法或分组法,是将调查收集的原始数据按照统计分析的目的和要求进行分类,通过对数据的整理将质量问题系统化、条理化,以便从中找出规律,发现影响质量因素的一种方法。

由于产品质量是多方面因素共同作用的结果,因而对同一批数据,可以按不同性质分层,使我们能从不同角度束考虑、分析产品存在的质量问题和影响因素。常用的分层标志有:

(1)按不同施工工艺和操作方法分层。

(2)按操作班组或操作者分层。

(3)按分部分项工程分层。

(4)按施工时间分层。

(5)按使用机械设备型号分层。

(6)按原材料供应单位、供应时间或等级分层。

(7)按合同结构分层。

(8)按工程类型分层。

(9)按检测方法、工作环境等分层。

4.5.2 因果分析图法

因果分析图法,也称为质量特性要因分析法、鱼刺图法或树枝图法,是一种逐步深入研究和讨论质量问题原因的图示方法。由于工程中的质量问题是多种因素造成的,这些因素有大有小、有主有次。通过因果分析图,层层分解,可以逐层寻找关键问题或问题产生的根源,进行有的放矢地处理和管理。

4.5.2.1 因果分析图的作图步骤

(1)明确要分析的质量问题,置于主干箭头的前面。

(2)对原因进行分类,确定影响质量特性的大原因,并用大枝表示。影响工程质量的因素主要有人员、材料、机械、施工方法和施工环境五个方面。

(3)以大原因作为问题,层层分析大原因背后的中原因,中原因背后的小原因,直到可以落实措施为止,在图中用不同的小枝表示。

4.5.2.2 因果分析图的注意事项

(1)一个质量特性或一个质量问题使用一张图分析。

(2)通常采用 QC 小组活动的方式进行讨论分析。讨论时,应该充分发扬民主、集思广益、共同分析,必要时可以邀请小组以外的有关人员参与,广泛听取意见。

(3)层层深入的分析模式。在分析原因的时候,要求根据问题和大原因以及大原因、中原因、小原因之间的因果关系,层层分析直到能采取改进措施的最终原因。不能半途而废,一定要弄清问题的症结所在。

(4)在充分分析的基础上,由各参与人员采取投票或其他方式,从中选择 1 ~ 5 项多数人达成共识的最主要原因。

(5)针对主要原因,有的放矢地制订改进措施,并落实到人。

4.5.3 排列图法

意大利经济学家帕累托提出"关键的少数和次要的多数间的关系",后来美国质量专家朱兰把这原则引入质量管理中。

排列图法又称主次因素分析图或帕累托图,是用来寻找工程(产品)质量主要因素的一种有效工具。其特点是把影响产品质量的因素按大小顺序排列。

4.5.3.1 排列图的组成

排列图的组成如图 4-1 所示。

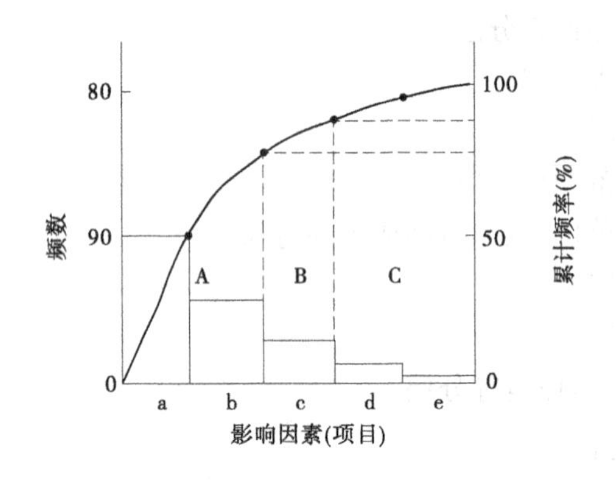

图 4-1 质量影响因素排列图

(1)排列图由两个纵坐标、一个横坐标、若干个矩形及一条曲线组成。其中左边的纵坐标表示频数,右边的纵坐标表示频率,横坐标表示影响质量的各种因素。

(2)若干个直方图分别表示质量影响因素的项目,直方图形的高度则表示影响因素的大小程度,按大小顺序从左向右排列。

(3)帕累托曲线:表示各影响因素大小的累计百分数。

4.5.3.2 排列图的分析

采用排列图分析影响工程(产品)质量的主要因素,可按以下程序进行:

（1）列出影响工程（产品）质量的主要因素，并统计各影响因素出现的频数和频率。

（2）按质量影响因素出现频数由大到小的顺序，自左至右绘制排列图。

（3）分析排列图，找出影响工程（产品）质量的主要因素。在一般情况下，将影响质量的因素分为三类，累计频率在0～80%为A类，是影响质量的主要因素；在80%～90%为B类，是影响质量的次要因素；在90%～100%为C类，是影响质量的一般因素。

4.5.3.3 作图步骤

（1）收集数据。

（2）整理数据。

（3）画坐标图和帕累托曲线。

（4）图形分析。

4.5.4 直方图法

直方图法又称频数分布直方图法，它是以直方图形的高度表示一定范围内数值所发生的频数，据此可掌握产品质量的波动情况，了解质量特征的分布规律，以便对质量状况进行分析判断。

4.5.4.1 直方图法的用途

（1）整理统计数据，了解统计数据的分布特征，即数据分布的集中或离散状况，从中掌握质量能力状态。

（2）观察分析生产过程质量是否处于正常、稳定和受控状态以及质量水平是否保持在公差允许的范围内。

4.5.4.2 直方图的绘制及示例

把收集到的产品质量特征数据，按大小顺序加以整理，进行适当分组，计算每一组中数据的个数（频数），将这些数据在坐标纸上画一些矩形图，横坐标为样本的取值范围，纵坐标为数据落入各组的频数，以此来分析质量分布的状态。

4.5.4.3 直方图的观察与分析

1. 通过分析形状观察分析

形状观察分析是将绘制好的直方图形状与正态分布图的形状进行比较分析，主要观察形状是否相似以及分布区间的宽窄。正常直方图呈正态分布，即中间高、两边低、呈对称，如图4-2（a）所示。当出现非正常型图形时，就要进一步分析原因，并采取措施予以纠正。常见的异常图形有以下几种：

（1）锯齿型。这多数是由于作频数表时，分组不当或组距确定不定所致，如图4-2（b）所示。

（2）缓坡型。直方图在控制之内，但峰顶偏向一侧，另一侧出现缓坡，说明生产中控制有偏向，或由于操作者习惯因素造成，如图4-2（c）所示。

（3）孤岛型。出现孤立的小直方图，这是生产过程中短时间的情况异常造成的，如少量材料不合格，或短时间内工人操作不熟练等，如图4-2（d）所示。

（4）双峰型。一般是由于在抽样检查以前，数据分类工作不够好，使两个分布混淆在一起所造成，如图4-2（e）所示。

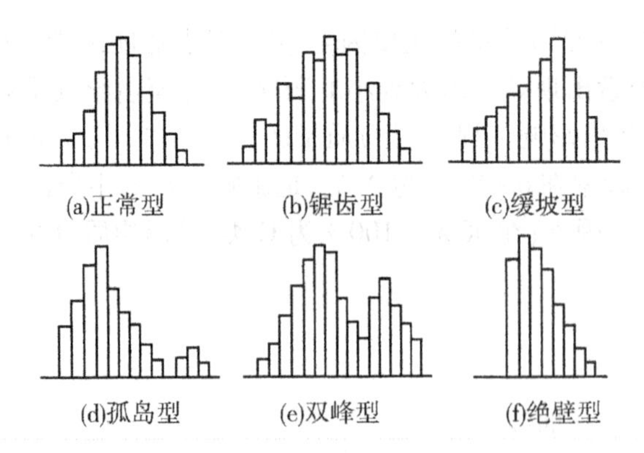

图 4-2　常见的直方图图形

（5）绝壁型。直方图的分布中心偏向一侧，通常是因操作者的主观因素所造成，如图 4-2（f）所示。

2. 通过分布位置观察分析

位置观察分析是指直方图的分布位置与质量控制标准的上下限范围进行比较分析。通过形状观察与分析，若图形正常，并不能说明质量分布就完全合理，还要与质量标准即标准公差相比较，如图 4-3 所示。图中 B 表示实际的质量特性分布范围，T 表示规范规定的标准公差的界限（T = 容许上限 - 容许下限）。

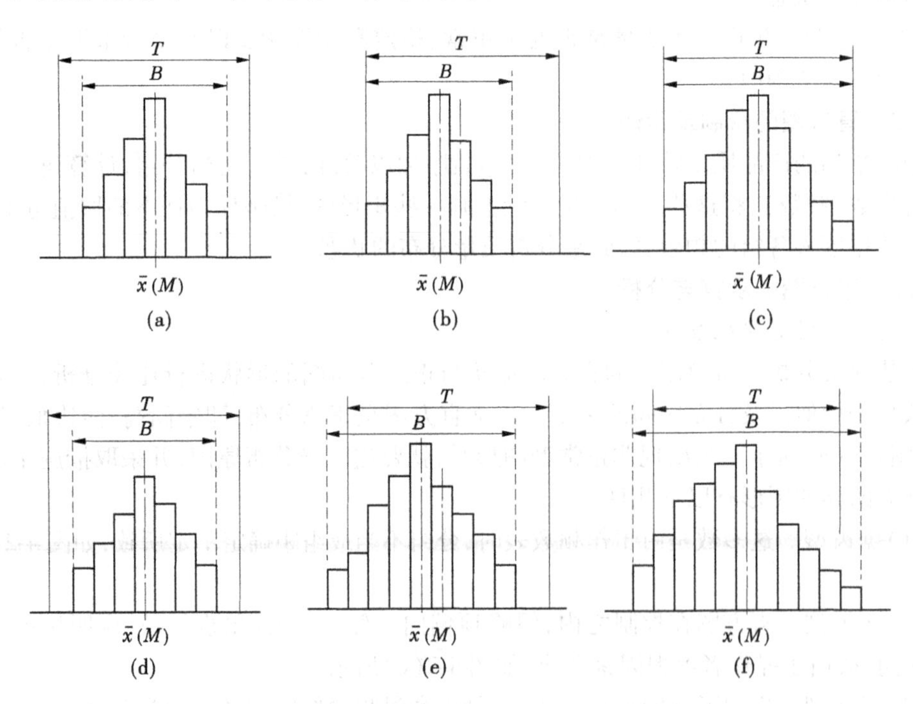

图 4-3　实际分布与标准公差的比较

正常形状的直方图与标准公差相比较，常见的有以下几种情况：

(1)实际分布的中心与标准公差的中心基本吻合，属理想状态，B 在 T 中间，两边略有余地，不会出现不合格品，见图 4-3(a)。

(2)质量特性数据分布偏下限，易出现不合格，在管理上必须提高总体能力，见图 4-3(b)。

(3)质量特性数据的分布宽度边界达到质量标准的上下界限，其质量能力处于临界状态，说明控制精度不够，容易出废品。应提高控制精度，以缩小实际分布的范围，见图 4-3(c)。

(4)质量特性数据的分布居中且边界与质量标准的上下界限有较大的距离，说明控制精度过高，虽然不出废品，但不经济，应适当放宽控制精度，见图 4-3(d)。

(5)图 4-3(e)和图 4-3(f)的数据分布均已出现超出质量标准的上下限，这些数据说明生产过程存在质量不合格，需要分析原因，采取措施进行纠偏。

第 5 章　水利工程项目环境管理

5.1　环境管理的目的、任务和特点

5.1.1　安全与环境管理的目的

随着经济的高速增长和科学技术的飞速发展，生产力迅速提高，新技术、新材料、新能源不断涌现，新的产业和生产工艺不断诞生。但在生产力高速发展的同时，尤其是在市场竞争日益加剧的情况下，人们往往专注于追求低成本、高利润，而忽视了劳动者的劳动条件和环境的改善，甚至以牺牲劳动者的职业健康安全和破坏人类赖以生存的自然环境为代价。

据国际劳工组织(ILO)统计，全球每年发生各类生产事故和劳动疾病约为 2.5 亿起，平均每天 68.5 万起，每分钟就发生 475 起，其中每年死于职业事故和劳动疾病的人数多达 110 万人，远远多于交通事故、暴力死亡、局部战争以及艾滋病死亡的人数。特别是发展中国家的劳动事故死亡率比发达国家要高出一倍以上，有少数不发达的国家和地区要高出四倍以上，生产事故和劳动疾病有增无减。到 2050 年，地球上的人口将由现在的 60 亿增加到 100 亿，由于世界人口剧增，生活质量不断提高的要求，造成资源的过度开发、资源消耗产生的废物污染严重威胁人们的健康，使 21 世纪人类的生存环境将面临严峻的挑战。

在整个世界范围内，建筑业是属于最危险的行业之一，也是对资源消耗和环境污染的主要行业之一。因此，建设工程职业健康安全与环境管理的目的在于：

(1)建设工程项目的职业健康安全管理的目的是保护产品生产者和使用者的健康与安全。控制影响工作场所内员工、临时工作人员、合同方人员、访问者和其他有关部门人员健康和安全的条件和因素。考虑和避免因使用不当对使用者造成的健康和安全的危害。

(2)建设工程项目环境管理的目的是保护生态环境，使社会的经济发展与人类的生存环境相协调。控制作业现场的各种粉尘、废水、废气、固体废弃物以及噪声、振动对环境的污染和危害，考虑能源节约和避免资源的浪费。

5.1.2　安全与环境管理的任务

职业健康安全与环境管理的任务是建筑生产组织(企业)为达到建筑工程的职业健康安全与环境管理的目的指挥和控制组织的协调活动，包括制定、实施、实现、评审和保持职业健康安全与环境方针所需的组织机构、计划活动、职责、惯例、程序、过程和资源。

5.1.3 职业健康安全与环境管理的特点

5.1.3.1 职业健康安全与环境管理的复杂性

水利工程项目的特点决定了职业健康安全与环境管理的复杂性：

(1)建筑产品生产过程中生产人员、工具与设备的流动性，主要表现为：

①同一工地不同建筑之间流动；

②同一建筑不同建筑部位上流动；

③一个建筑工程项目完成后，又要向另一新项目动迁的流动。

(2)建筑产品受不同外部环境影响的因素多，主要表现为：

①露天作业多；

②气候条件变化的影响；

③工程地质和水文条件的变化；

④地理条件和地域资源的影响。

由于生产人员、工具和设备的交叉和流动作业，同时受不同外部环境的影响因素多，使健康安全与环境管理很复杂，考虑稍有不周就会出现问题。

5.1.3.2 职业健康安全与环境管理的多样性

(1)不能按同一图纸、同一施工工艺、同一生产设备进行批量重复生产。

(2)施工生产组织及机构变动频繁，生产经营的"一次性"特征特别突出。

(3)生产过程中试验性研究课题多，所碰到的新技术、新工艺、新设备、新材料给职业健康安全与环境管理带来不少难题。

因此，对于每个建设工程项目都要根据其实际情况，制订健康安全与环境管理计划，决不可相互套用。

5.1.3.3 职业健康安全与环境管理的协调性

水利工程项目不能像其他许多工业产品一样可以分解为若干部分同时生产，而必须在同一固定场地按严格程序连续生产，上一道程序不完成，下一道程序不能进行(如基础—主体—屋顶)，上一道工序生产的结果往往会被下一道工序所掩盖，而且每一道程序由不同的人员和单位来完成。因此，在职业健康安全与环境管理中要求各单位和各专业人员横向配合和协调，共同注意产品生产过程接口部分的健康安全和环境管理的协调性。

5.1.3.4 产品生产的阶段性决定职业健康安全与环境管理的持续性

一个建设工程项目从立项到投产使用要经历五个阶段，即设计前的准备阶段(包括项目的可行性研究和立项)、设计阶段、施工阶段、使用前的准备阶段(包括竣工验收和试运行)、保修阶段。这五个阶段都要十分重视项目的安全和环境问题，持续不断地对项目各个阶段可能出现的安全和环境问题实施管理。否则，一旦在某个阶段出现安全问题和环境问题就会造成投资的巨大浪费，甚至造成工程项目建设的夭折。

5.1.3.5 产品的时代性和社会性决定环境管理的多样性和经济性

(1)时代性。建设工程产品是时代政治、经济、文化、风俗的历史记录，表现了不同时代的艺术风格和科学文化水平，反映一定社会的、道德的、文化的、美学的艺术效果，成为可供人们观赏和旅游的景观。

（2）社会性。建设工程产品是否适应可持续发展的要求，工程的规划、设计、施工质量的好坏，受益和受害不仅仅是使用者，而是整个社会，影响社会持续发展的环境。

（3）多样性。除考虑各类建设工程使用功能与环境相协调外，还应考虑各类工程产品的时代性和社会性要求，其涉及的环境因素多种多样，应逐一加以评价和分析。

（4）经济性。建设工程不仅应考虑建造成本的消耗，还应考虑其寿命期内的使用成本消耗。环境管理注重包括工程使用期内的成本，如能耗、水耗、维护、保养、改建更新的费用，并通过比较分析，判定工程是否符合经济要求，一般采用生命周期法可作为对其进行管理的参考。另外，环境管理要求节约资源，以减少资源消耗来降低环境污染，两者是完全一致的。

5.2　安全生产管理

5.2.1　安全管理制度

5.2.1.1　安全管理的概念

安全管理是企业全体职工参加的，以人的因素为主，为达到安全生产目的而采取各种措施的管理。它是根据系统的观点提出来的一种组织管理方法，是施工企业全体职工及各部门同心协力，把专业技术、生产管理、数理统计和安全教育结合起来，建立起从签订施工合同，进行施工组织设计、现场平面设置等施工准备工作开始，到施工的各个阶段，直至工程竣工验收活动全过程的安全保证体系，采用行政的、经济的、法律的、技术的和教育的等手段，有效地控制设备事故、人身伤亡事故和职业危害的发生，实现安全生产、文明施工。安全管理的基本特点是从过去的事故发生后吸取教训为主转变为预防为主；从管事故变为管酿成事故的不安全因素，把酿成事故的诸因素查出来，抓主要矛盾，发动全员、全部门参加，依靠科学的安全管理理论、程序和方法，将施工生产全过程中潜伏的危险处于受控状态，消除事故隐患，确保施工生产安全。

根据施工企业的实践，推行安全管理就是要通过三个方面，达到一个目的，即：

（1）认真贯彻“安全第一，预防为主”的方针。

（2）充分调动企业各部门和全体职工搞好安全管理的积极性。

（3）切实有效地运用现代科学技术和安全管理技术，做好设计、施工生产、竣工验收等方面的工作，以预防为主，消除各种危险因素。

目的是通过安全管理，创造良好的施工环境和作业条件，使生产活动安全化、最优化，减少或避免事故发生，保证职工的健康和安全。因此，推行安全管理时，应该注意做到“三全、一多样”，即全员、全过程、全企业的安全管理；所运用的方法必须是多种多样的。

5.2.1.2　安全管理的内容

（1）建立安全生产制度。安全生产制度必须符合国家和地区的有关政策、法规、条例和规程，并结合本施工项目的特点，明确各级各类人员安全生产责任制，要求全体人员必须认真贯彻执行。

（2）贯彻安全技术管理。编制施工组织设计时，必须结合工程实际，编制切实可行的安全技术措施。要求全体人员必须认真贯彻执行。执行过程中发现问题,应及时采取妥善的安全防护措施。要不断积累安全技术措施在执行过程中的技术资料,进行研究分析,总结提高,以利于以后工程的借鉴。

(3)坚持安全教育和安全技术培训。组织全体人员认真学习国家、地方和本企业的安全生产责任制、安全技术规程、安全操作规程和劳动保护条例等。新工人进入岗位之前要进行安全纪律教育,特种专业作业人员要进行专业安全技术培训,考核合格后方能上岗。要使全体职工经常保持高度的安全生产意识,牢固树立"安全第一"的思想。

(4)组织安全检查。为了确保安全生产,必须要有监督监察。安全检查员要经常查看现场,及时排除施工中的不安全因素,纠正违章作业,监督安全技术措施的执行,不断改善劳动条件,防止工伤事故的发生。

(5)进行事故处理。人身伤亡和各种安全事故发生后,应立即进行调查,了解事故产生的原因、过程和后果,提出鉴定意见。在总结经验教训的基础上,有针对性地制订防止事故再次发生的可靠措施。

(6)将安全生产指标,作为签订承包合同时一项重要考核指标。

5.2.1.3 安全管理的基本原则

安全管理是企业生产管理的重要组成部分,是一门综合性的系统科学。安全管理的对象是生产中一切人、物、环境的状态管理与控制,安全管理是一种动态管理。

施工现场的安全管理,主要是组织实施企业安全管理规划、指导、检查和决策,同时是保证生产处于最佳安全状态的根本环节。施工现场安全管理的内容,大体可归纳为安全组织管理、场地与设施管理、行为控制和安全技术管理四个方面,分别对生产中的人、物、环境的行为与状态,进行具体的管理与控制。为有效地将生产因素的状态控制好,实施安全管理过程中,必须正确处理五种原则。

(1)安全与危险并存原则。安全与危险在同一事物的运动中是相互对立的,相互依赖而存在的。因为有危险,才要进行安全管理,以防止危险。安全与危险并非是等量并存、平静相处的。随着事物的运动变化,安全与危险每时每刻都在变化着,进行着此消彼长的斗争。事物的状态将向斗争的胜方倾斜。可见,在事物的运动中,都不会存在绝对的安全或危险。

保持生产的安全状态,必须采取多种措施,以预防为主,危险因素是完全可以控制的。危险因素是客观地存在于事物运动之中的,自然是可知的,也是可控的。

(2)安全与生产的统一原则。生产是人类社会存在和发展的基础。如果生产中人、物、环境都处于危险状态,则生产无法顺利进行。因此,安全是生产的客观要求,自然,当生产完全停止,安全也就失去意义。就生产的目的性来说,组织好安全生产就是对国家、人民和社会最大的负责。

生产有了安全保障,才能持续、稳定发展。生产活动中事故层出不穷,生产势必陷于混乱,甚至瘫痪状态。当生产与安全发生矛盾、危及职工生命或国家财产时,生产活动停下来整治、消除危险因素以后,生产形势会变得更好。"安全第一"的提法,决非把安全摆到生产之上。忽视安全自然是一种错误。

(3)安全与质量的包含原则。从广义上看,质量包含安全工作质量,安全概念也内含着质量,交互作用,互为因果。安全第一,质量第一,两个第一并不矛盾。安全第一是从保护生产因素的角度提出的,而质量第一则是从关心产品成果的角度而强调的。安全为质量服务,质量需要安全保证。生产过程丢掉哪一头,都要陷于失控状态。

(4)安全与速度互保原则。生产的蛮干、乱干,在侥幸中求得快,缺乏真实与可靠,一旦酿成不幸,非但无速度可言,反而会延误时间。

速度应以安全做保障,安全就是速度。我们应追求安全加速度,竭力避免安全减速度。安全与速度成正比。一味强调速度,置安全于不顾的做法是极其有害的。当速度与安全发生矛盾时,暂时减缓速度,保证安全才是正确的做法。

(5)安全与效益的兼顾原则。安全技术措施的实施,定会改善劳动条件,调动职工的积极性,焕发劳动热性,带来经济效益,足以使原来的投入得以补偿。从这个意义上说,安全与效益完全是一致的,安全促进了效益的增长。

在安全管理中,投入要适度、适当,精打细算,统筹安排。既要保证安全生产,又要经济合理,还要考虑力所能及。单纯为了省钱而忽视安全生产,或单纯追求不惜资金的盲目高标准,都不可取。

5.2.1.4 安全管理制度

1.安全生产责任制

安全生产责任制是企业经济责任制的重要组成部分,是安全管理制度的核心。建立和落实安全生产责任制,就要求明确规定企业各级领导、管理干部、工程技术人员和工人在安全工作上的具体任务、责任和权力,以便把安全与生产在组织上统一起来,把“管生产必须管安全”的原则在制度上固定下来,做到安全工作层层有分工,事事有人管,人人有专责,办事有标准,工作有检查、考核。以此把同安全直接有关的领导、技术干部、工人、职能部门联系起来,形成一个严密的安全管理工作系统。一旦出现事故,可以查清责任,总结正反两方面的经验,更好地保证安全管理工作顺利进行。

实践证明,只有实行严格的安全生产责任制,才能真正实现企业的全员、全方位、全过程的安全管理,把施工过程中各方面的事故隐患消灭在萌芽状态,减少或避免事故的发生。同时,还使上至领导干部,下到班组职工都明白该做什么,怎样做,负什么责,做好工作的标准是什么,为搞好安全施工提供基本保证。

1)各级领导人员安全生产方面的主要职责

项目经理。项目经理是施工项目管理的核心人物,也是安全生产的首要责任者,要对全体职工的安全与健康负责。所以,项目经理必须具有“安全第一,预防为主”的指导思想,并掌握安全技术知识,熟知国家的各项有关安全生产的规定、标准,以及当地和上级的安全生产制度,要树立法制观念,自觉地贯彻执行安全生产的方针、政策、规章制度和各项劳动保护条例,确保施工的安全。其主要安全生产职责是:

(1)在组织与指挥生产过程中,认真执行劳动保护和安全生产的政策、法令和规章制度。

(2)建立安全管理机构,主持制定安全生产条例一;审查安全技术措施,定期研究解决安全生产中的问题。

(3)组织安全生产检查和安全教育,建立安全生产奖惩制度。

(4)主持总结安全生产经验和重大事故教训。

技术负责人。其主要安全生产职责是：

(1)对安全生产和劳保方面的技术工作负全面领导责任。

(2)在组织编制施工组织设计或施工方案时,应同时编制相应的安全技术措施。

(3)当采用新工艺、新材料、新技术、新设备时,应制定相应的安全技术操作规程。

(4)解决施工生产中安全技术问题。

(5)制订改善工人劳动条件的有关技术措施。

(6)对职工进行安全技术教育,参加重大伤亡事故的调查分析,提出技术鉴定意见和改进措施。

作业队长。其主要安全生产职责是：

(1)对施工项目的安全生产负直接领导责任。

(2)在组织施工生产的同时,要认真执行安全生产制度,并制定实施细则。

(3)进行分项、分层、分工种的安全技术交底。

(4)组织工人学习安全技术操作规程,做到不违章作业。

(5)要经常检查施工现场,发现隐患要及时处理,发生事故要立即上报,并参加事故调查处理。

班组长。其主要安全生产职责是：

(1)模范地遵守安全生产规章制度,熟悉并掌握本工种的安全技术规程。

(2)带领本班组人员遵章作业,认真执行安全措施,发现班组成员思想或身体状况反常,应采取措施或调离危险作业部位。

(3)定期组织安全生产活动,进行安全生产及遵章守纪的教育,发生工伤或事故应立即上报。

2)各专业人员在安全生产方面的主要职责

(1)施工员。其主要安全生产职责是：

①认真贯彻施工组织设计或施工方案中安全技术措施计划；

②遵守有关安全生产的规章制度；

③加强施工现场管理,建立安全生产、文明施工的良好生产秩序。

(2)技术员。其主要安全生产职责是：

①严格遵照国家有关安全的法令、规程、标准、制度,编制设计、施工和工艺方案,同时编制相应的安全技术措施；

②在采用新工艺、新技术、新材料、新设备及施工条件变化时,要编制安全技术操作规程；

③负责安全技术的专题研究和安全设备、仪表的技术鉴定。

(3)材料员。其主要安全生产职责是：

①保证按时供应安全技术措施所需要的材料、工具设备；

②保证新购买的安全网、安全帽、安全带及其他劳动保护用品、用具符合安全技术和质量标准；

③对各类脚手架要定期检查,保证所供应的用具和材料的质量。

(4)财务员。其主要安全生产职责是:按照国家规定,提供安全技术措施费用,并监督其合理使用,不准挪作他用。

(5)劳资员。其主要安全生产职责是:

①配合有关部门做好新工人、调换新工作岗位的工人和特殊工种的工人,进行安全技术培训和考核工作;

②严格控制加班加点,对于因工伤或患职业病的职工建议有关部门安排适当工作。

(6)安全员。其主要安全生产职责是:

①做好安全生产管理和监督检查工作;

②贯彻执行劳动保护法规;

③督促实施各项安全技术措施;

④开展安全生产宣传教育工作;

⑤组织安全生产检查,研究解决施工生产中的不安全因素;

⑥参加事故调查,提出事故处理意见,制止违章作业,遇有险情有权暂停生产。

3)岗位安全生产责任制

每个工作岗位是落实企业安全工作的基础,要保证企业安全工作顺利开展,就得要求每个工作岗位履行安全职责,其内容是:

(1)积极参加各项安全教育活动,刻苦学习安全理念、安全技术知识和安全操作技能,提高安全意识和安全施工的能力。

(2)自觉遵守执行各项安全规章制度,服从干部、专职安全人员和其他人员的领导和劝告,及时纠正违章行为。同时有责任劝阻和纠正共同作业者的错误操作。

(3)积极参加群众安全管理活动和安全技术革新活动,对企业所用的设备进行改造,装配先进的安全装置,确保施工生产安全。

(4)抵制不符合安全规定的上级指示,并越级或直接向安全管理部门反映情况。

(5)发生事故后应立即进行抢救,积极保护好现场,并及时报告上级,实事求是地向上级和调查组反映事故发生的前后情况。

2.安全教育制度

由于工程项目施工一般是在野外露天作业,受气候、地质等自然条件影响大,高空作业不安全因素情况复杂。为使职工适应施工作业环境,实现安全生产目标,一个必要的条件就是要求职工具有坚实的安全生产基本知识和基本技能,提高对施工作业环境的适应性,并养成安全作业规范化习惯。为此,必须有计划地开展安全教育工作,不断提高各级领导干部和全体职工的安全技术水平。

安全教育工作的主要任务是:不断增强企业全体职工的安全意识,并使之掌握和运用安全管理的方法和技术,也就是说,通过安全教育工作,使职工牢固树立“安全第一,预防为主”的思想,懂得安全生产是企业实现文明施工、取得好的经济效益的重要手段,不仅满足企业生存发展的需要,而且保证职工自身免受伤害的需求;安全生产不只是哪一个人的事情,而是与整个社会、企业、自身、他人及家庭幸福息息相关的大事。职工有了这种认识,在施工生产中自觉地遵守各种安全生产规章制度和施工作业规程,保护自己和他人的安全和健康,实现安全施工。

安全教育的内容包括思想政治教育、安全生产方针政策教育、安全技术知识教育、典型经验和事故教训教育等内容。

(1)思想政治教育。安全工作关系到企业职工队伍的思想稳定乃至社会的稳定。加强思想政治教育是实现企业安全生产的重要保证。

思想政治教育主要是提高企业各级领导和广大职工对安全生产、劳动保护重要性的认识,从理论上搞清楚生产与安全的辨证统一关系,安全与效益、效率的辨证统一关系,处理好安全工作所需的客观条件与主观努力的关系、局部工作与全局工作的关系,克服在安全管理工作中存在的短期行为、侥幸心理和事故难免的思想,为搞好安全生产奠定坚实的思想基础。

(2)安全生产方针政策教育。安全生产方针、政策、规定、规程体现着党和国家的政治路线,是企业搞好安全施工的指导方针。为此,企业必须采取多种形式大力宣传党和国家的安全生产方针、政策,做到人人皆知、家喻户晓,并自觉地认真贯彻执行,确保施工安全。

(3)安全技术知识教育。是指关于生产技术知识教育 、一般安全技术知识教育和专业安全技术知识教育。

①生产技术知识教育。安全技术知识寓于生产过程之中,要掌握安全技术知识,就必须首先掌握施工生产技术知识。所以,在进行安全教育时,应结合本企业施工任务、施工特点、工艺流程、作业方法,所用各种机械设备的性能、操作技术进行,使职工在掌握生产技术知识的基础上做好安全工作。

②一般安全技术知识教育。就是企业每个职工必须具备的起码的安全技术基本知识的教育。通过教育,使职工掌握本企业一般安全守则,具有特别危险的设备和区域的基本安全防护知识和注意事项,个人防护用品的构造、性能和正确使用方法等知识。

③专业安全技术知识教育。针对施工企业专业工种多、职工缺乏专业安全知识而引起多起事故的状况,所进行的专业安全技术知识的教育。通过教育使专业工种的职工掌握本专业的安全技术操作规程,确保本专业作业安全。

(4)典型经验和事故教训教育。典型经验和事故教训教育是指通过国内外、企业内外的安全生产先进经验的学习,促进本单位的安全生产工作,不断提高安全技术水平和操作能力。通过典型事故的剖析,可使广大干部、职工了解事故给国家和企业的财产造成的巨大损失,给人民生命安全带来的危害,从而引以为戒,吸取教训,认真检查各自岗位上的隐患,及时采取措施,避免同类事故的发生。

(5)基本安全教育。施工企业人员直接接触各种危险因素,为提高工人的安全素质和自我防护能力,必须进行“基本安全教育”。这是施工企业必须坚持的安全教育的基本教育制度。

①施工队安全教育。新工人或在本企业内部调动工作的职工分配到施工队后,由施工队长和专职安全员对新工人再进行安全教育。教育的内容有:本队施工作业任务、特点、作业环境中存在的不安全因素,危险区域,要害部位;劳动保护法规、安全守则、劳动纪律;本队施工采用的工艺技术,所用机械设备的基本性能,易出现事故的部位和防范事故的措施;本队施工工种安全技术基础知识;本队安全生产管理组织和人员分工负责的

内容。

通过队安全教育，使新工人进一步掌握安全生产知识。队教育结束后，由队对他们进行考试。考试合格者，分配到班组进行操作岗位安全教育。

②工作岗位教育。新职工或本企业内部调动工作的职工被分配到班组后，结合现场施工情况进行安全教育。使其对自己将从事的作业、进入的岗位获得基本的感性知识和理性知识。教育的主要内容是：上岗作业的规章制度，岗位安全操作规程，班组劳动纪律；本工班、班组施工任务，人员分工情况，各工序相互联系，本工序安全生产应负的责任；施工中所用工具、电器设备的现状，易发事故的部位，安全防护装置完好情况及其作用，使用过程的安全操作技术和注意事项；施工作业区的环境卫生标准和文明施工的具体内容；个人劳动保护措施和防护用品的使用要求。

基本安全教育结束后，由企业安全技术部门将各级教育的考试成绩记入职工安全教育考核卡片，并存入档案。对于考试不合格者，要进行安全教育补课，重新考试，必须达到合格，才准上岗。

(6)特殊工种的安全教育。在施工过程中，除一般性作业外，还有国家规定的电气、起重、锅炉、压力容器、瓦斯检验、电气焊、车辆驾驶、爆破等特殊专业工种。这些专业工种在施工生产中担负着特殊任务，危险性大，容易发生重大事故。一旦发生事故，对整个企业的生产会带来较大损失。对从事特殊工种的职工可举办脱产或半脱产的安全技术学习班，进行严格地培训。学习的主要内容有：

①学习特种作业专题材料，掌握本工种作业的基本知识。如工作原理、各工序所使用的器具性能(物理的、化学的)、技术指标等。

②特种作业存在的不安全因素，曾出现过的典型事故案例及应吸取的教训。

③特种作业安全操作技术和规定，防范事故的措施。

④各种特种作业对环境条件、职工身体素质、技术素质的具体要求，安全防护设备的配置、维修和使用常识。

对特种作业人员按一定程序进行系统的理论知识教育和实际安全操作训练后，还要定期由有关部门组织其安全技术考试与实际操作考核，成绩合格者，发给特种作业操作证书，无证书者不准独立操作。考试成绩要填入职工安全教育卡片和操作证上。对于考试不合格者或持证人到期不参加复试者，限期补考，对三次考试不合格者不发或收回操作证，调离原岗位。

(7)经常性的安全教育。要使企业的广大职工都真正重视和实现安全生产，还必须对职工进行经常性的安全教育。开展经常性的安全教育时，要根据预防为主的原则，注意掌握事故发生的规律，如节假日容易精力分散，人在岗位心想家，可能出现急于交班、盲目图快、简化作业。变动工作的时候，容易出现应付，执行规章制度不认真。在晋级、分房、发奖金、评先进时，易出现攀比思想和怨恨情绪，工作中精神不振，对规章制度置若罔闻。受到批评或处分时，易产生抵触情绪和破罐破摔的想法，可能赌气，工作不负责任。身体有病或疲劳时，易产生懒惰现象，可能出现简化作业程序的情况。企业改革方案付诸实施，触及自己利益时，易发生不满、牢骚，作业马虎。职工之间、家庭成员之间发生矛盾时，工作中可能出现思想走神，作业出格。遇到婚丧嫁娶的时候，易产生不安定情绪，工作中可能心不在焉，作业失手。针对上述影响职工思想波动、情绪变化，导致违章的规律性，开展经常性的安全教育，真正做到安全第一，预防为主，取得安全生产的主动权。

(8)对干部实施安全教育。企业中各级干部是组织施工生产活动的骨干力量，加强对他们的安全教育，提高他们对安全施工的认识和安全管理水平，是安全教育的一项重要任务。各级干部，应根据不同职责，每年接受不少于8 h的安全教育。主要学习：安全生产方针、政策、法规和安全生产的意义、任务；本处安全施工生产特点、制度和本职岗位责任制的具体内容；一般安全技术知识，违章作业和违章指挥的界限；工伤事故处理的规程和事故发生后应做的善后工作内容；如何搞好企业安全管理工作的基本知识、安全值班注意事项和要求。

5.2.2 危险源的辨识与风险评价

5.2.2.1 危险源的定义

危险源是可能导致人身伤害或疾病、财产损失、工作环境破坏或这些情况组合的危险因素和有害因素。危险因素是强调突发性和瞬间作用的因素，有害因素则强调在一定时期内的慢性损害和累积作用。

危险源是安全控制的主要对象，所以有人把安全控制也称为危险控制或安全风险控制。

5.2.2.2 危险源的分类

在实际生活和生产过程中的危险源是以多种多样的形式存在的，危险源导致事故可归结为能量的意外释放或有害物质的泄漏。根据危险源在事故发生发展中的作用把危险源分为两大类，即第一类危险源和第二类危险源。

(1)第一类危险源。可能发生意外释放的能量的载体或危险物质称作第一类危险源。能量或危险物质的意外释放是事故发生的物理本质。通常把产生能量的能量源或拥有能量的能量载体作为第一类危险源来处理。

(2)第二类危险源。造成约束、限制能量措施失效或破坏的各种不安全因素称作第二类危险源。在生产、生活中，为了利用能量，人们制造了各种机器设备，让能量按照人们的意图在系统中流动、转换和做功为人类服务，而这些设备设施又可以看成是限制约束能量的工具。正常情况下，生产过程中的能量或危险物质受到约束或限制，不会发生意外释放，即不会发生事故。但是，一旦这些约束或限制能量或危险物质的措施受到破坏或失效(故障)，则将发生事故。第二类危险源包括人的不安全行为、物的不安全状态和不良环境条件三个方面。

5.2.2.3 危险源与事故

事故的发生是两类危险源共同作用的结果，第一类危险源是事故发生的前提，第二类危险源的出现是第一类危险源导致事故的必要条件。在事故的发生和发展过程中，两类危险源相互依存，相辅相成。第一类危险源是事故的主体，决定事故的严重程度；第二类危险源出现的难易，决定事故发生的可能性大小。

5.2.2.4 危险源辨识的方法

(1)专家调查法。是通过向有经验的专家咨询、调查，辨识、分析和评价危险源的方法，其优点是简便、易行，其缺点是受专家的知识、经验和占有资料的限制，可能出现遗漏。常用的方法有头脑风暴法(Brainstorming)和德尔菲(Delphi)法。

头脑风暴法是通过专家创造性的思考，从而产生大量的观点、问题和议题的方法。其特点是多人讨论，集思广益，可以弥补个人判断的不足，常采用专家会议的方式来相互启发、交换意见，使危险、危害因素的辨识更加细致、具体。常用于目标比较单纯的议题，如果涉及面较广，包含因素多，可以分解目标，再对单一目标或简单目标使用本方法。

德尔菲法是采用背对背的方式对专家进行调查，其特点是避免了集体讨论中的从众性倾向，更代表专家的真实意见。要求对调查的各种意见进行汇总统计处理，再反馈给专家反复征求意见。

(2)安全检查表(SCL)法。安全检查表(Safety Cheak List)实际上就是实施安全检查和诊断项目的明细表，运用已编制好的安全检查表，进行系统的安全检查，辨识工程项目存在的危险源。检查表的内容一般包括分类项目、检查内容及要求、检查以后处理意见等。可以用"是""否"作回答或"√""×"符号作标记，同时注明检查日期，并由检查人员和被检单位同时签字。

安全检查表法的优点是简单易懂、容易掌握，可以事先组织专家编制检查项目，使安全检查做到系统化、完整化；缺点是一般只能作出定性评价。

5.2.2.5 危险源的风险评价方法

风险评价是评估危险源所带来的风险大小及确定风险是否可容许的全过程。根据评价结果对风险进行分级，按不同级别的风险有针对性地采取风险控制措施。以下介绍两种常用的风险评价方法。

方法1：将安全风险的大小用事故发生的可能性(p)与发生事故后果的严重程度(f)的乘积来衡量，即

$$R = pf \tag{5-1}$$

式中 R——风险大小；

p——事故发生的概率(频率)；

f——事故后果的严重程度。

根据上述的估算结果，可按表5-1对风险的大小进行分级。

表5-1 风险分级

可能性(p)	后果(f)，风险级别(大小)		
	轻度损失(轻微伤害)	中度损失(伤害)	重大损失(严重伤害)
很大	Ⅲ	Ⅳ	Ⅴ
中等	Ⅱ	Ⅲ	Ⅳ
极小	Ⅰ	Ⅱ	Ⅲ

注：Ⅰ—可忽略风险；Ⅱ—可容许风险；Ⅲ—中度风险；Ⅳ—重大风险；Ⅴ—不容许风险。

方法2：将可能造成安全风险的大小用事故发生的可能性(L)、人员暴露于危险环境

中的频繁程度(E)和事故后果(C)三个自变量的乘积衡量,即

$$S = LEC \tag{5-2}$$

式中 S——风险大小;

L——事故发生的可能性,按表5-2所给的定义取值;

E——人员暴露于危险环境中的频繁程度,按表5-3所给的定义取值;

C——事故后果的严重程度,按表5-4所给的定义取值。

此方法因为引用了L、E、C三个自变量,故也称为LEC方法。

根据经验,危险性(S)的值在20分以下可忽略风险;危险性(S)的分值在20~70之间的为可容许风险;危险性(S)的分值在70~160之间的为中度风险;危险性(S)的分值在160~320之间的为重大风险;危险性(S)的分值大于320的为不容许风险。

表5-2　事故发生的可能性(L)

分数值	事故发生的可能性	分数值	事故发生的可能性
10	必然发生的	0.5	很不可能、可以设想
6	相当可能	0.2	极不可能
3	可能,但不经常	0.1	实际不可能
1	可能性极小、完全意外		

表5-3　暴露于危险环境的频繁程度(E)

分数值	人员暴露于危险环境的频繁程度	分数值	人员暴露于危险环境的频繁程度
10	连续暴露	2	每月一次暴露
6	每天工作时间内暴露	1	每年几次暴露
3	每周一次暴露	0.5	非常罕见的暴露

表5-4　发生事故产生的后果(C)

分数值	事故发生造成的后果	分数值	事故发生造成的后果
100	大灾难、许多人死亡	7	严重、重伤
40	灾难、多人死亡	3	较严重、受伤较重
15	非常严重、一人死亡	1	引人关注、轻伤

5.2.2.6　危险源的控制方法

1.第一类危险源的控制方法

(1)防止事故发生的方法:消除危险源、限制能量或危险物质、隔离。

(2)避免或减少事故损失的方法:隔离、个体防护、设置薄弱环节、使能量或危险物质按人们的意图释放、避难与援救措施。

2. 第二类危险源的控制方法

(1)减少故障:增加安全系数、提高可靠性、设置安全监控系统。

(2)故障—安全设计:包括故障—消极方案(即故障发生后,设备、系统处于最低能量状态,直到采取校正措施之前不能运转);故障—积极方案(即故障发生后,在没有采取校正措施之前使系统、设备处于安全的能量状态之下);故障—正常方案(即保证在采取校正行动之前,设备、系统正常发挥功能)。

5.2.3 施工安全技术措施

5.2.3.1 建设工程施工安全技术措施计划

建设工程施工安全技术措施计划的主要内容包括工程概况、控制目标、控制程序、组织机构、职责权限、规章制度、资源配置、安全措施、检查评价、奖惩制度等。

编制施工安全技术措施计划时,应制定和完善施工安全操作规程,编制各施工工种,特别是危险性较大工种的安全施工操作要求,作为规范和检查考核员工安全生产行为的依据。

编制施工安全技术措施计划对结构复杂、施工难度大、专业性较强的工程项目,除制订项目总体安全保证计划外,还必须制订单位工程或分部分项工程的安全技术措施;对高处作业、井下作业等专业性强的作业,电器、压力容器等特殊工种作业,应制定单项安全技术规程,并应对管理人员和操作人员的安全作业资格和身体状况进行合格检查。

施工安全技术措施包括安全防护设施的设置和安全预防措施,主要有 17 个方面的内容,如防火、防毒、防爆、防洪、防尘、防雷击、防触电、防坍塌、防物体打击、防机械伤害、防起重设备滑落、防高空坠落、防交通事故、防寒、防暑、防疫、防环境污染等措施。

5.2.3.2 施工安全技术措施计划的实施

1. 安全生产责任制

建立安全生产责任制是施工安全技术措施计划实施的重要保证。安全生产责任制是指企业对项目经理部各级领导、各个部门、各类人员所规定的在他们各自职责范围内对安全生产应负责任的制度。

2. 安全教育

安全教育的要求如下:

(1)广泛开展安全生产的宣传教育,使全体员工真正认识到安全生产的重要性和必要性,懂得安全生产和文明施工的科学知识,牢固树立安全第一的思想,自觉地遵守各项安全生产法律法规和规章制度。

(2)把安全知识、安全技能、设备性能、操作规程、安全法规等作为安全教育的主要内容。

(3)建立经常性的安全教育考核制度,考核成绩要记入员工档案。

(4)电工、电焊工、架子工、司炉工、爆破工、机操工、起重工、机械司机、机动车辆司机等特殊工种工人,除一般安全教育外,还要经过专业安全技能培训,经考试合格持证后,方可独立操作。

(5)采用新技术、新工艺、新设备施工和调换工作岗位时,也要进行安全教育,未经安全教育培训的人员不得上岗操作。

3. 安全技术交底

(1)安全技术交底的基本要求:项目经理部必须实行逐级安全技术交底制度,纵向延伸到班组全体作业人员。

①技术交底必须具体、明确,针对性强;

②技术交底的内容应针对分部分项工程施工中给作业人员带来的潜在危害和存在问题;

③应优先采用新的安全技术措施;

④应将工程概况、施工方法、施工程序、安全技术措施等向工长、班组长进行详细交底;

⑤定期向由两个以上作业队和多工种进行交叉施工的作业队伍进行书面交底;⑥保持书面安全技术交底签字记录。

(2)安全技术交底主要内容:

①本工程项目的施工作业特点和危险点;

②针对危险点的具体预防措施;

③应注意的安全事项;

④相应的安全操作规程和标准;

⑤发生事故后应及时采取的避难和急救措施。

5.2.4 安全检查

安全检查是安全管理的重要内容,是识别和发现不安全因素,揭示和消除事故隐患,加强防护措施,预防工伤事故和职业危害的重要手段。安全检查工作具有经常性、专业性和群众性特点。通过检查增强广大职工的安全意识,促进企业对劳动保护和安全生产方针、政策、规章、制度的贯彻落实,解决安全生产上存在的问题,有利于改善企业的劳动条件和安全生产状况,预防工伤事故发生;通过相互检查、相互督促、交流经验,取长补短,进一步推动企业搞好安全生产。

5.2.4.1 安全检查的类型

根据安全检查的对象、要求、时间的差异,一般可分为两种类型。

(1)定期安全检查。即依据企业安全委员会指定的日期和规定的周期进行安全大检查。检查工作由企业领导或分管安全的负责人组织,吸收职能部门、工会和群众代表参加。每次检查可根据企业的具体情况决定检查的内容。检查人员要深入施工现场或岗位实地进行检查,及时发现问题,消除事故隐患。对一时解决不了的问题,应订出计划和措施,定人定位定时定责加以解决,不留尾巴,力求实效。检查结束后,要作出评语和总结。

各级定期检查具体实施规定:

①工程局每半年进行一次,或在重大节假日前组织检查;

②工程处每季度组织一次检查;

③工程段每月组织一次检查；

④施工队每旬进行一次检查。

(2)非定期安全检查。鉴于施工作业的安全状态受地质条件、作业环境、气候变化、施工对象、施工人员素质等复杂情况的影响，工伤事故时有发生，除定期安全检查外，还要根据客观因素的变化，开展经常性安全检查，具体内容有：

①施工准备工作安全检查。每项工程开工前，由单位隶属的上级单位组织有关部门进行安全检查，其主要内容有施工组织是否有安全设计；施工机械设备是否符合技术和安全规定；安全防护设施是否符合要求；施工方案是否进行书面安全技术交底；各种工序是否有安全措施等。

②季节性安全检查。根据施工的气候特点，企业安全管理部门会同其他有关部门适时进行检查。夏季检查防洪、防暑、防雷电情况；冬季检查防冻、防煤气中毒、防火、防滑情况；春秋季检查防风沙、防火情况。

③节假日前后安全检查。节前职工安全生产的思想松懈，易发生事故，应进行防火、防爆、文明施工等方面的综合检查，发现隐患及时排除。节后为防止职工纪律松弛，应对遵章守纪状况及节前所查隐患整改落实情况进行检查。

④专业性安全检查。对国家规定的焊接、电气、锅炉、压力容器、起重等特种作业，可组织专业安全检查组分别进行检查，及时了解各种专业设备的安全性能、管理使用状况，岗位人员的安全技术素质等情况，对检查的危及职工人身安全问题，及时采取措施解决。

⑤专职安全人员日常检查。企业专职安全人员要经常深入施工现场，进行日常巡回检查，这是安全检查最基本、最重要的方法。因为专职安全人员经过专门安全技术培训，富有经验，善于发现事故隐患，准确反映企业安全生产状况，并能督促施工单位进行整改。

5.2.4.2 安全检查的内容

安全检查的内容主要是查思想，查管理、查制度，查隐患，查事故处理。

(1)查思想。就是检查企业各级领导和广大职工安全意识强不强。对安全管理工作认识是否明确，贯彻执行党和国家制定的安全生产方针、政策、规章、规程的自觉性高不高。是否树立了“安全第一，预防为主”的思想。各级领导是否把安全工作纳入重要的议事日程，切实履行安全生产责任制中的职责；是否关心职工的安全和健康。广大职工是否人人关心安全生产，在进度与安全发生矛盾时，能否服从安全需要。

(2)查管理、查制度。就是检查企业在生产管理中，对安全工作是否做到了“五同时”(计划、布置、检查、总结、评比生产工作的同时)。在新建、扩建、改建工程中，是否做到了“三同时”(即在新建、扩建、改建工程中，安全设施要同时设计、同时施工、同时投产)。是否结合本单位的实际情况，建立和健全了如下安全管理制度：

①安全管理机构；

②安全生产责任制；

③安全奖惩制度；

④定期研究安全工作的制度；

⑤安全教育制度；

⑥安全技术措施管理制度；

⑦安全检查制度；

⑧事故调查处理制度；

⑨特种作业管理制度；

⑩保健、防护用品的发放管理制度；

⑪尘毒作业、职业病及职工禁忌症管理制度。

同时要检查上述制度执行情况，发现各级管理人员和岗位作业职工违反规章制度的，要给予批评、教育。

(3)查隐患。就是深入施工现场，检查企业的劳动条件、劳动环境有哪些不安全因素。如施工场所的通道、照明、材料堆码、温度、湿度、“四口”(即升降口、楼梯口、预留洞口、通道口)等是否符合安全卫生要求。施工中常用的机电设备和各种压力容器有无信号、刹车、制动等安全装置，用于高空作业的梯子、跳板、马道、架子、围栏和安全网的架设是否牢固可靠。起重作业的机具、绳索、保险装置是否符合运行技术标准。对易燃、易爆和腐蚀性物品的使用、保管是否符合安全规定。个人劳保用品的配发和使用是否符合要求等。检查人员对随时发现的可能造成伤亡事故的重大隐患，有权下令停工，并报告有关领导，待隐患排除后才能复工。

(4)查事故处理。检查企业对发生的工伤事故是否按照“找不出原因不放过，本人和群众受不到教育不放过，没有制定出防范措施不放过”的原则，进行严肃认真地处理，以及是否及时、准确地向上级报告和进行统计。检查中如发现隐瞒不报、虚报或者故意延迟报告的情况，除责成补报外，对单位负责人应给予纪律处分或刑事处理。

5.3 环境保护的要求和措施

5.3.1 环境保护的要求

5.3.1.1 环境保护的概念和意义

按照法律法规、各级主管部门和企业的要求，保护和改善作业现场的环境，控制现场的各种粉尘、废水、废气、固体废弃物、噪声、振动等对环境的污染和危害。

环境保护的意义有以下几个方面：

(1)是保证人们身体健康和社会文明的需要。采取专项措施防止粉尘、噪声和水源污染，保护好作业现场及其周围的环境。

(2)是保证职工和相关人员身体健康、体现社会总体文明的一项利国利民的重要工作；是消除对外干扰从而保证施工顺利进行的需要。随着人们的法制观念和自我保护意识的增强，尤其在城市中，施工扰民问题反映突出，应及时采取防治措施，减少对环境的污染和对市民的干扰，也是施工生产顺利进行的基本条件。

(3)保护和改善施工环境是现代化大生产的客观要求。现代化施工广泛应用新设备、新技术、新的生产工艺，对环境质量要求很高，如果粉尘、振动超标就可能损坏设备、影响功能发挥，使设备难以发挥作用。

(4)节约能源、保护人类生存环境、保证社会和企业可持续发展的需要。人类社会即将面临环境污染和能源危机的挑战。为了保护子孙后代赖以生存的环境条件，每个公民和企业都有责任和义务来保护环境。良好的环境和生存条件，也是企业发展的基础和动力。

5.3.1.2 环境保护的要求

环境保护应该按照国家有关法律和地方政府及有关部门的要求，认真抓好落实，主要包括以下几个方面：

(1)工程施工必须保护环境和自然资源，防止污染和其他公害。

(2)要积极采用无污染或少污染环境的新工艺、新技术、新产品。

(3)加强企业管理，“三废”的治理和排放严格执行国家标准。

(4)工程施工的烟尘和有害气体排放要达到国家标准。

(5)降低噪声和震动的影响，做好有害气体和粉尘的净化回收。

(6)按照建设部第15号令《建筑工程施工现场管理规定》第四章对环境保护的具体要求，抓好建筑工程的环境保护工作。

5.3.2 建设工程环境保护的措施

5.3.2.1 大气污染的防治

1.大气污染物的分类

大气污染物的种类有数千种，已发现有危害作用的有100多种，其中大部分是有机物。大气污染物通常以气体状态和粒子状态存在于空气中。

(1)气体状态污染物。气体状态污染物具有运动速度较大，扩散较快，在周围大气中分布比较均匀的特点。气体状态污染物包括分子状态污染物和蒸汽状态污染物。

分子状态污染物：指在常温常压下以气体分子形式分散于大气中的物质，如燃料燃烧过程中产生的二氧化硫(SO_2)、氮氧化物(NO_x)、一氧化碳(CO)等。

蒸汽状态污染物：指在常温常压下易挥发的物质，以蒸汽状态进入大气，如机动车尾气、沥青烟中含有的碳氢化合物、苯并[a]芘(BaP)等。

(2)粒子状态污染物。粒子状态污染物又称固体颗粒污染物，是分散在大气中的微小液滴和固体颗粒，粒径为0.01~100 μm，是一个复杂的非均匀体。通常根据粒子状态污染物在重力作用下的沉降特性又可分为为降尘和飘尘。

降尘：指在重力作用下能很快下降的固体颗粒，其粒径大于10 μm。

飘尘：指可长期飘浮于大气中的固体颗粒，其粒径小于10 μm。飘尘具有胶体的性质，故又称为气溶胶，它易随呼吸进入人体肺脏，危害人体健康，故称为可吸入颗粒。

施工工地的粒子状态污染物主要有锅炉、熔化炉、厨房烧煤产生的烟尘。还有建材破碎、筛分、碾磨、加料过程、装卸运输过程产生的粉尘等。

2.大气污染的防治措施

大气污染的防治措施主要针对上述粒子状态污染物和气体状态污染物进行治理。主要方法如下：

(1)除尘技术。在气体中除去或收集固态或液态粒子的设备称为除尘装置。主要种类有机械除尘装置、洗涤式除尘装置、过滤除尘装置和电除尘装置等。工地的烧煤茶炉、锅炉、炉灶等应选用装有上述除尘装置的设备。工地其他粉尘可用遮盖、淋水等措施防治。

(2)气态污染物治理技术。大气中气态污染物的治理技术主要有以下几种方法。

①吸收法:选用合适的吸收剂,可吸收空气中的 SO_2、H_2S、HF、NO_x 等。

②吸附法:让气体混合物与多孔性固体接触,把混合物中的某个组分吸留在固体表面。

③催化法:利用催化剂把气体中的有害物质转化为无害物质。

④燃烧法:是通过热氧化作用,将废气中的可燃有害部分,化为无害物质的方法。

⑤冷凝法:是使处于气态的污染物冷凝,从气体分离出来的方法。该法特别适合处理有较高浓度的有机废气,如对沥青气体的冷凝,回收油品。

⑥生物法:利用微生物的代谢活动过程把废气中的气态污染物转化为少害甚至无害的物质。该法应用广泛,成本低廉,但只适用于低浓度污染物。

3. 施工现场空气污染的防治措施

(1)施工现场垃圾渣土要及时清理出现场。

(2)高大建筑物清理施工垃圾时,要使用封闭式的容器或者采取其他措施处理高空废弃物,严禁凌空随意抛撒。

(3)施工现场道路应指定专人定期洒水清扫,形成制度,防止道路扬尘。

(4)对于细颗粒散体材料(如水泥、粉煤灰、白灰等)的运输、储存,要注意遮盖、密封,防止和减少飞扬。

(5)车辆开出工地要做到不带泥沙,基本做到不洒土、不扬尘,减少对周围环境的污染。

(6)除设有符合规定的装置外,禁止在施工现场焚烧油毡、橡胶、塑料、皮革、树叶、枯草、各种包装物等废弃物品以及其他会产生有毒、有害烟尘和恶臭气体的物质。

(7)机动车都要安装减少尾气排放的装置,确保符合国家标准。

(8)工地茶炉应尽量采用电热水器。若只能使用烧煤茶炉和锅炉时,应选用消烟除尘型茶炉和锅炉,大灶应选用消烟节能回风炉灶,使烟尘降至允许排放范围为止。

(9)大城市市区的建设工程已不容许搅拌混凝土。在容许设置搅拌站的工地,应将搅拌站封闭严密,并在进料仓上方安装除尘装置,采取可靠措施控制工地粉尘污染。

(10)拆除旧建筑物时,应适当洒水,防止扬尘。

5.3.2.2 水污染的防治

1. 水污染物主要来源

(1)工业污染源。指各种工业废水向自然水体的排放。

(2)生活污染源。主要有食物废渣、食油、粪便、合成洗涤剂、杀虫剂、病原微生物等。

(3)农业污染源。主要有化肥、农药等。

施工现场废水和固体废物随水流流入水体部分,包括泥浆、水泥、油漆、各种油类,混凝土外加剂、重金属、酸碱盐、非金属无机毒物等。

2. 废水处理技术

废水处理的目的是把废水中所含的有害物质清理分离出来。废水处理可分为化学法、物理法、物理化学法和生物法。

(1)物理法。可利用筛滤、沉淀、气浮的方法。

(2)化学法。利用化学反应来分离、分解污染物，或使其转化为无害物质的处理方法。

(3)物理化学法。主要有吸附法、反渗透法、电渗析法。

(4)生物法。是利用微生物新陈代谢功能，将废水中成溶解和胶体状态的有机污染物降解，并转化为无害物质，使水得到净化。

3.施工过程水污染的防治措施

(1)禁止将有毒有害废弃物作土方回填。

(2)施工现场搅拌站废水、现制水磨石的污水、电石(碳化钙)的污水必须经沉淀池沉淀合格后再排放，最好将沉淀水用于工地洒水降尘或采取措施回收利用。

(3)现场存放油料，必须对库房地面进行防渗处理。如采取防渗混凝土地面、铺油毡等措施。使用时，要采取防止油料跑、冒、滴、漏的措施，以免污染水体。

(4)施工现场100人以上的临时食堂，污水排放时可设置简易有效的隔油池，定期清理，防止污染。

(5)工地临时厕所，化粪池应采取防渗漏措施。中心城市施工现场的临时厕所可采用水冲式厕所，并有防蝇、灭蛆措施，防止污染水体和环境。

(6)化学用品，外加剂等要妥善保管，库内存放，防止污染环境。

5.3.2.3 施工现场的噪声控制

1.噪声的概念

声音是由物体振动产生的，当频率在20~20 000 Hz时，作用于人的耳鼓膜而产生的感觉称之为声音。由声构成的环境称为“声环境”。当环境中的声音对人类、动物及自然物没有产生不良影响时，就是一种正常的物理现象。相反，对人的生活和工作造成不良影响的声音就称为噪声。

2.噪声的分类

噪声按照振动性质可分为气体动力噪声、机械噪声、电磁性噪声。

按噪声来源可分为交通噪声(如汽车、火车、飞机等)、工业噪声(如鼓风机、汽轮机、冲压设备等)、建筑施工噪声(如打桩机、推土机、混凝土搅拌机等发出的声音)、社会生活噪声(如高音喇叭、收音机等)。

3.噪声的危害

噪声是影响与危害非常广泛的环境污染问题。噪声环境可以干扰人的睡眠与工作、影响人的心理状态与情绪，造成人的听力损失，甚至引起许多疾病。此外，噪声对人们的对话干扰也是相当大的。

4.施工现场噪声的控制措施

噪声控制技术可从声源、传播途径、接收者防护等方面来考虑。

1)声源控制

从声源上降低噪声，这是防止噪声污染的最根本的措施。主要方法是：

①尽量采用低噪声设备和工艺代替高噪声设备与加工工艺，如低噪声振捣器、风机、

电动空压机、电锯等。

②在声源处安装消声器消声，即在通风机、鼓风机、压缩机、燃气机、内燃机及各类排气放空装置等进出风管的适当位置设置消声器。

2）传播途径的控制

在传播途径上控制噪声的方法主要有以下几种：

（1）吸声：利用吸声材料（大多由多孔材料制成）或由吸声结构形成的共振结构（金属或木质薄板钻孔制成的空腔体）吸收声能，降低噪声。

（2）隔声：应用隔声结构，阻碍噪声向空间传播，将接收者与噪声声源分隔。隔声结构包括隔声室、隔声罩、隔声屏障、隔声墙等。

（3）消声：利用消声器阻止传播。允许气流通过的消声降噪是防治空气动力性噪声的主要装置，如对空气压缩机、内燃机产生的噪声等。

（4）减振降噪：对来自振动引起的噪声，通过降低机械振动减小噪声，如将阻尼材料涂在振动源上，或改变振动源与其他刚性结构的连接方式等。

3）接收者的防护

让处于噪声环境下的人员使用耳塞、耳罩等防护用品，减少相关人员在噪声环境中的暴露时间，以减轻噪声对人体的危害。

4）严格控制人为噪声

进入施工现场不得高声喊叫、无故甩打模板、乱吹哨，限制高音喇叭的使用，最大限度地减少噪声扰民。

5）控制强噪声作业的时间

凡在人口稠密区进行强噪声作业时，须严格控制作业时间，一般晚 10 点到次日早 6 点之间停止强噪声作业。确系特殊情况必须昼夜施工时，尽量采取降低噪声措施，并会同建设单位找当地居委会、村委会或当地居民协调，出安民告示，求得群众谅解。

5. 施工现场噪声的限值

根据国家标准的要求，对不同施工作业的噪声限值如表 5-5 所示。在工程施工中，要特别注意不得超过国家标准的限值，尤其是夜间禁止打桩作业。

表 5-5　建筑施工场界噪声限值

施工阶段	主要噪声源	噪声限值[dB(A)]	
		昼间	夜间
土石方	推土机、挖掘机、装载机等	75	55
打桩	各种打桩机械等	85	禁止施工
结构	混凝土搅拌机、振捣器、电锯等	70	55
装修	吊车、升降机等	65	55

5.3.2.4　固体废物的处理

1. 建筑工地上常见的固体废物

固体废物是生产、建设、日常生活和其他活动中产生的固态、半固态废弃物质。固体废物是一个极其复杂的废物体系。按照其化学组成可分为有机废物和无机废物，按照其对环境和人类健康的危害程度可以分为一般废物和危险废物。

施工工地上常见的固体废物有建筑渣土（包括砖瓦、碎石、渣土、混凝土碎块、废钢铁、碎玻璃、废屑、废弃装饰材料等）、废弃的散装建筑材料（包括散装水泥、石灰等）、生活垃圾（包括炊厨废物、丢弃食品、废纸、生活用具、玻璃、陶瓷碎片、废电池、废旧日用品、废塑料制品、煤灰渣、废交通工具等）、设备材料等的废弃包装材料、粪便。

2. 固体废物对环境的危害

固体废物对环境的危害是全方位的，主要表现在以下几个方面：

（1）侵占土地。由于固体废物的堆放，可直接破坏土地和植被。

（2）污染土壤。固体废物的堆放中，有害成分易污染土壤，并在土壤中发生积累，给作物生长带来危害。部分有害物质还能杀死土壤中的微生物，使土壤丧失腐解能力。

（3）污染水体。固体废物遇水浸泡、溶解后，其有害成分随地表径流或土壤渗流污染地下水和地表水；此外，固体废物还会随风飘迁进入水体造成污染。

（4）污染大气。以细颗粒状存在的废渣垃圾和建筑材料在堆放和运输过程中，会随风扩散，使大气中悬浮的灰尘废弃物提高。此外，固体废物在焚烧等处理过程中，可能产生有害气体造成大气污染。

（5）影响环境卫生。固体废物的大量堆放，会招致蚊蝇滋生，臭味四溢，严重影响工地以及周围环境卫生，对员工和工地附近居民的健康造成危害。

3. 固体废物的处理和处置

固体废物处理的基本思想是采取资源化、减量化和无害化的处理，对固体废物产生的全过程进行控制。主要处理方法有：

（1）回收利用。是对固体废物进行资源化、减量化的重要手段之一。对建筑渣土可视其情况加以利用。废钢可按需要用作金属原材料。对废电池等废弃物应分散回收，集中处理。

（2）减量化处理。是对已经产生的固体废物进行分选、破碎、压实浓缩、脱水等减少其最终处置量，降低处理成本，减少对环境的污染。在减量化处理的过程中，也包括和其他处理技术相关的工艺方法，如焚烧、热解、堆肥等。

（3）焚烧技术。用于不适合再利用且不宜直接予以填埋处置的废物，尤其是对于受到病菌、病毒污染的物品，可以用焚烧进行无害化处理。焚烧处理应使用符合环境要求的处理装置，注意避免对大气的二次污染。

（4）稳定和固化技术。利用水泥、沥青等胶结材料，将松散的废物包裹起来，减小废物毒性和可迁移性，使得污染减少。

（5）填埋。是固体废物处理的最终技术，经过无害化、减量化处理的废物残渣集中到填埋场进行处置。填埋场应利用天然或人工屏障，尽量使需处置的废物与周围的生态环境隔离，并注意废物的稳定性和长期安全性。

第6章　水利工程项目合同管理

6.1　水利工程施工招标投标

工程招标投标是水利工程建设项目管理施行“三项制度”的重要内容，早在1995年水利部颁布了《水利工程建设项目施工招标投标管理规定》，2001年又作了修订。

6.1.1　招标范围和规模标准

符合下列具体范围并达到规模标准之一的水利工程建设项目必须进行招标。

6.1.1.1　具体范围

（1）关系社会公共利益、公共安全的防洪、排涝、灌溉、水力发电、引（供）水、滩涂治理、水土保持、水资源保护等水利工程建设项目。

（2）使用国有资金投资或者国家融资的水利工程建设项目。

（3）使用国际组织或者外国政府贷款、援助资金的水利工程建设项目。

6.1.1.2　规模标准

（1）施工单项合同估算价在200万元以上的。

（2）重要设备、材料等货物的采购，单项合同估算价在100万元以上的。

（3）勘察设计、监理等服务的采购，单项合同估算价在50万元以上的。

（4）项目总投资额在3 000万元以上，但分标单项合同估算价低于前3项规定的标准的项目原则上都必须招标。

6.1.2　招标

6.1.2.1　邀请招标

招标分为公开招标和邀请招标。

依法必须招标的项目中，国家重点水利项目、地方重点水利项目及全部使用国有资金投资或者国有资金投资占控股或者主导地位的项目应当公开招标，但有下列情况之一的可采用邀请招标：

（1）项目技术复杂，有特殊要求或涉及专利权保护，受自然资源或环境限制，新技术或技术规格事先难以确定的项目。

（2）应急度汛项目。

（3）其他特殊项目。

采用邀请招标的，招标前招标人必须履行下列批准手续：

（1）国家重点水利项目经水利部初审后，报国家发展和改革委员会批准；其他中央项目报水利部或其委托的流域管理机构批准。

(2)地方重点水利项目经省、自治区、直辖市人民政府水行政主管部门会同同级发展计划行政主管部门审核后,报本级人民政府批准;其他地方项目报省、自治区、直辖市人民政府水行政主管部门批准。

6.1.2.2 **不进行招标的项目**

下列项目可不进行招标,但须经项目主管部门批准:

(1)涉及国家安全、国家秘密的项目。

(2)应急防汛、抗旱、抢险、救灾等项目。

(3)项目中经批准使用农民投工、投劳施工的部分(不包括该部分中勘察设计、监理和重要设备、材料采购)。

(4)不具备招标条件的公益性水利工程建设项目的项目建议书和可行性研究报告。

(5)采用特定专利技术或特有技术的。

(6)其他特殊项目。

6.1.2.3 **自行办理招标**

当招标人具备以下条件时,按有关规定和管理权限经核准可自行办理招标事宜:

(1)具有项目法人资格(或法人资格)。

(2)具有与招标项目规模和复杂程度相适应的工程技术、概预算、财务和工程管理等方面专业技术力量。

(3)具有编制招标文件和组织评标的能力。

(4)具有从事同类工程建设项目招标的经验。

(5)设有专门的招标机构或者拥有 3 名以上专职招标业务人员。

(6)熟悉和掌握招标投标法律、法规、规章。

6.1.2.4 **招标的条件**

(1)勘察设计招标应当具备的条件:

①勘察设计项目已经确定;

②勘察设计所需资金已落实;

③必需的勘察设计基础资料已收集完成。

(2)监理招标应当具备的条件:

①初步设计已经批准;

②监理所需资金已落实;

③项目已列入年度计划。

(3)施工招标应当具备的条件:

①初步设计已经批准;

②建设资金来源已落实,年度投资计划已经安排;

③监理单位已确定;

④具有能满足招标要求的设计文件,已与设计单位签订适应施工进度要求的图纸交付合同或协议;

⑤有关建设项目永久征地、临时征地和移民搬迁的实施、安置工作已经落实或已有明确安排。

(4)重要设备、材料招标应当具备的条件：

①初步设计已经批准；

②重要设备、材料技术经济指标已基本确定；

③设备、材料所需资金已落实。

6.1.2.5 招标的程序

招标工作一般按下列程序进行：

(1)招标前，按项目管理权限向水行政主管部门提交招标报告备案。报告具体内容应当包括招标已具备的条件、招标方式、分标方案、招标计划安排、投标人资质(资格)条件、评标方法、评标委员会组建方案以及开标、评标的工作具体安排等。

(2)编制招标文件。

(3)发布招标信息(招标公告或投标邀请书)。

(4)发售资格预审文件。

(5)按规定日期接受潜在投标人编制的资格预审文件。

(6)组织对潜在投标人资格预审文件进行审核。

(7)向资格预审合格的潜在投标人发售招标文件。

(8)组织购买招标文件的潜在投标人现场踏勘。

(9)接受投标人对招标文件有关问题要求澄清的函件，对问题进行澄清，并书面通知所有潜在投标人。

(10)组织成立评标委员会，并在中标结果确定前保密。

(11)在规定时间和地点，接受符合招标文件要求的投标文件。

(12)组织开标评标会。

(13)在评标委员会推荐的中标候选人中，确定中标人。

(14)向水行政主管部门提交招标投标情况的书面总结报告。

(15)发中标通知书，并将中标结果通知所有投标人。

(16)进行合同谈判，并与中标人订立书面合同。

6.1.3 投标

投标人必须具备水利工程建设项目所需的资质(资格)。

投标人应当按照招标文件的要求编写投标文件，并在招标文件规定的投标截止时间之前密封送达招标人。在投标截止时间之前，投标人可以撤回已递交的投标文件或进行更正和补充，但应当符合招标文件的要求。

投标人必须按招标文件规定投标，也可附加提出“替代方案”，且应当在其封面上注明“替代方案”字样，供招标人选用，但不作为评标的主要依据。

两个或两个以上单位联合投标的，应当按资质等级较低的单位确定联合体资质(资格)等级。招标人不得强制投标人组成联合体共同投标。

投标人在递交投标文件的同时，应当递交投标保证金。

招标人与中标人签订合同后5个工作日内，应当退还投标保证金。

投标人应当对递交的资质(资格)预审文件及投标文件中有关资料的真实性负责。

6.1.4 评标标准和方法

6.1.4.1 评标标准

评标标准分为技术标准和商务标准,一般包含以下内容:

(1)勘察设计评标标准:

①投标人的业绩和资信;

②勘察总工程师、设计总工程师的经历;

③人力资源配备;

④技术方案和技术创新;

⑤质量标准及质量管理措施;

⑥技术支持与保障;

⑦投标价格和评标价格;

⑧财务状况;

⑨组织实施方案及进度安排。

(2)监理评标标准:

①投标人的业绩和资信;

②项目总监理工程师经历及主要监理人员情况;

③监理规划(大纲);

④投标价格和评标价格;

⑤财务状况。

(3)施工评标标准:

①施工方案(或施工组织设计)与工期;

②投标价格和评标价格;

③施工项目经理及技术负责人的经历;

④组织机构及主要管理人员;

⑤主要施工设备;

⑥质量标准、质量和安全管理措施;

⑦投标人的业绩、类似工程经历和资信;

⑧财务状况。

(4)设备、材料评标标准:

①投标价格和评标价格;

②质量标准及质量管理措施;

③组织供应计划;

④售后服务;

⑤投标人的业绩和资信;

⑥财务状况。

6.1.4.2 评标方法

评标方法可采用综合评分法、综合最低评标价法、合理最低投标价法、综合评议法及两阶段评标法。

6.2 施工承发包的模式

工程项目承发包是一种商业行为,交易的双方为发包人和承包人。双方签订承发包合同,明确双方各自的权利与义务,承包人负责为发包人(业主)完成工程项目全部和部分的施工建设工作,并从发包人处取得相应的报酬。

工程的承发包方式多种多样,适用于不同的情形。发包人应结合自己的意愿、工程项目的具体情况,选择有利于自己(或受委托的监理及咨询公司)进行项目管理,达到节省投资、缩短工期、确保质量目的的发包方式。而承包人也应结合自身的经营状况、承包能力及工程项目的特点、发包人所选定的发包方式等因素,选择承包有利于减少自身风险,而又有合理利润的工程项目。

6.2.1 施工平行承发包模式

6.2.1.1 施工平行承发包的概念

施工平行承发包,是指发包方将建设工程的施工任务经过分解分别发包给若干个施工单位,并分别与各方签订合同。各施工单位之间的关系是平行的,各材料设备供应单位之间的关系也是平行的。

6.2.1.2 平行承发包模式的运用

采用这种模式首先应合理地进行工程建设任务的分解,然后进行分类综合,确定每个合同的发包内容,以便选择适当的承包单位。

进行任务分解与确定合同数量、内容时应考虑以下因素:

(1)工程情况。建设工程的性质、规模、结构等是决定合同数量和内容的重要因素。建设工程实施时间的长短、计划的安排也对合同数量有影响。

(2)市场情况。首先,由于各类承建单位的专业性质、规模大小在不同市场的分布状况不同,建设工程的分解发包应力求使其与市场结构相适应;其次,合同任务和内容对市场具有吸引力,中小合同对中小型承建单位有吸引力,又不妨碍大型承建单位参与竞争;最后,还应按市场惯例做法、市场范围和有关规定来决定合同内容和大小。

(3)贷款协议要求。对两个以上贷款人的情况,可能贷款人对贷款使用范围、承包人资格等有不同要求,因此需要在确定合同结构时予以考虑。

6.2.1.3 平行承发包模式的优点

(1)有利于缩短工期。设计阶段与施工阶段有可能形成搭接关系,从而缩短整个建设工程工期。

(2)有利于质量控制。整个工程经过分解分别发包给各承建单位,合同约束与相互制约使每一部分能够较好地实现质量要求。

(3)有利于业主选择承建单位。大多数国家的建筑市场中,专业性强、规模小的承建单位一般占较大的比例。这种模式的合同内容比较单一、合同价值小、风险小,使它们有可能参与竞争。因此,无论大型承建单位还是中小型承建单位都有机会竞争。业主可在很大范围内选择承建单位,提高择优性。

6.2.1.4 平行承发包模式的缺点

(1)合同数量多,会造成合同管理困难。合同关系复杂,使建设工程系统内结合部位数量增加,组织协调工作量大。加强合同管理的力度,加强各承建单位之间的横向协调工作。

(2)投资控制难度大。这主要表现在:一是总合同价不易确定,影响投资控制实施;二是工程招标任务量大,需控制多项合同价格,增加了投资控制难度;三是在施工过程中设计变更和修改较多,导致投资增加。

6.2.2 施工总承包模式

6.2.2.1 施工总承包的概念

施工总承包是工程业主将一项工程的施工安装任务全部发包给一个资质符合要求的施工企业或由多个施工单位组成的施工联合体或施工合作体,他们之间签订施工总承包合同,以明确双方的责任义务的权限。而总承包施工企业,在法律规定许可的范围内,可以将工程按专业分别发包给一家或多家经营资质、信誉等条件经业主(发包方)或其监理工程师认可的分包商。

6.2.2.2 施工总承包模式的主要特点

1. 投资控制方面

(1)一般以施工图设计为投标报价的基础,投标人的投标报价较有依据。

(2)在开工前就有较明确的合同价,有利于业主的总投资控制。

(3)若在施工过程中发生设计变更,可能会引发索赔。

2. 进度控制方面

由于一般要等施工图设计全部结束后,业主才进行施工总承包的招标,因此开工日期不可能太早,建设周期会较长。这是施工总承包模式的最大缺点,限制了其在建设周期紧迫的建设工程项目上的应用。

3. 质量控制方面

建设工程项目质量的好坏在很大程度上取决于施工总承包单位的管理水平和技术水平。

4. 合同管理方面

业主只需要进行一次招标,与施工总承包商签约,因此招标及合同管理工作量将会减小;在很多工程实践中,采用的并不是真正意义上的施工总承包,而采用所谓的“费率招标”。“费率招标”实质上是开口合同,对业主方的合同管理和投资控制十分不利。

5. 组织与协调方面

施工总承包单位负责对所有分包人的管理及组织协调,在项目全部竣工试运行达到正常生产水平后,再把项目移交业主。

6.2.3 施工总承包管理模式

6.2.3.1 施工总承包管理的概念

施工总承包管理是业主方委托一个施工单位或由多个施工单位组成的施工联合体或

施工合作体作为施工总包管理单位，业主方另委托其他施工单位作为分包单位进行施工。一般情况下，施工总承包管理单位是纯管理公司，不参与具体工程的施工，但如施工总承包管理单位也想承担部分工程的施工，它也可以参加该部分工程的投标，通过竞争取得施工任务。

6.2.3.2 施工总承包管理模式的特点

1. 投资控制方面

(1)一部分施工图完成后，业主就可单独或与施工总承包管理单位共同进行该部分工程的招标，分包合同的投标报价和合同价以施工图为依据。

(2)在进行对施工总承包管理单位的招标时，只确定施工总承包管理费，而不确定工程总造价，这可能成为业主控制总投资的风险。

(3)多数情况下，由业主方与分包人直接签约，这样有可能增加业主方的风险。

2. 进度控制方面

不需要等待于施工图设计完成后再进行施工总承包管理的招标，分包合同的招标也可以提前，这样就有利于提前开工，有利于缩短建设周期。

3. 质量控制方面

(1)对分包人的质量控制由施工总承包管理单位进行。

(2)分包工程任务符合质量控制的“他人控制”原则，对质量控制有利；但这类管理对于总承包管理单位来说是站在工程总承包立场上的项目管理，而不是站在业主立场上的“监理”，业主方还需要有自己的项目管理，以监督总承包单位的工作。

(3)各分包之间的关系可由施工总承包管理单位负责，这样就可减轻业主方管理的工作量。

4. 合同管理方面

(1)一般情况下，所有分包合同的招标投标、合同谈判以及签约工作均由业主负责，业主方的招标及合同管理工作量较大。

(2)对分包人的工程款支付可由施工总包管理单位支付或由业主直接支付，前者有利于施工总包管理单位对分包人的管理。

5. 组织与协调方面

由施工总承包管理单位负责对所有分包人的管理及组织协调，这样就大大减轻了业主方的工作。这是采用施工总承包管理模式的基本出发点。

6.3 施工合同执行过程的管理

工程施工合同作为工程项目任务委托和承接的法律依据，是工程施工过程中承发包双方的最高行为准则。工程施工过程中的一切活动都是为了履行合同，都必须按合同办事，双方的行为主要靠合同来约束。

工程施工合同定义了承发包双方的项目目标，这些目标必须通过具体的工程活动实现。由于工程施工中各种干扰的作用，常常使工程实施过程偏离总目标，如果不及时采取措施，这种偏差常常由小到大、日积月累。这就需要对合同实施情况进行跟踪，对项目实施进行控制，以便及时发现偏差，不断调整合同实施，使之与总目标一致。

6.3.1 施工合同跟踪与控制

6.3.1.1 施工合同跟踪

1. 施工合同跟踪的含义

施工合同跟踪有两个方面的含义：一是承包单位的合同管理职能部门对合同执行者(项目经理部或项目参与人)的履行情况进行的跟踪、监督和检查；二是合同执行者(项目经理部或项目参与人)本身对合同计划的执行情况进行的跟踪、检查与对比。

2. 施工合同跟踪的依据

合同跟踪时，判断实际情况与计划情况是否存在差异的依据主要有：合同和合同分析的结果，如各种计划、方案、合同变更文件等；各种实际的工程文件，如原始记录、各种工程报表、报告、验收结果等；工程管理人员每天对现场情况的直观了解，如对施工现场的巡视、与各种人员谈话，召集小组会谈、检查工程质量，通过报表、报告了解等。

3. 施工合同跟踪的对象

施工合同实施情况跟踪的对象主要有以下几个方面：

(1)具体的合同事件。对照合同事件表的具体内容，分析该事件的实际完成情况。如以设备安装事件为例分析：

①安装质量，如标高、位置、安装精度、材料质量是否符合合同要求，安装过程中设备有无损坏等。

②工程数量，如是否全都安装完毕，有无合同规定以外的设备安装，有无其他的附加工程等。

③工期，如是否在预定期限内施工，工期有无延长，延长的原因是什么等。

④成本的增加和减少，将上述内容在合同事件表上加以注明，这样可以检查每个合同事件的执行情况。对一些有异常情况的特殊事件，即实际和计划存在大的偏离的事件，可以列特殊事件分析表进一步地处理。经过上述分析得到偏差的原因和责任，以从中发现索赔的机会。

(2)工程小组或分包商的工程和工作。一个工程小组或分包商可能承担许多专业相同、工艺相近的分项工程或许多合同事件，所以必须对它们实施的总情况进行检查分析。在实际工程中常常因为某一工程小组或分包商的工作质量不高或进度拖延而影响整个工程施工。合同管理人员在这方面应给他们提供帮助，如协调他们之间的工作，对工程缺陷提出意见、建议或警告，责成他们在一定时间内提高质量、加快进度等。

作为分包合同的发包商，总承包商必须对分包合同的实施进行有效的控制，这是总承包商合同管理的重要任务之一。分包合同控制的目的如下：

①控制分包商的工作，严格监督他们按分包合同完成工程责任。分包合同是总承包合同的一部分，如果分包商完不成他们的合同责任，则总承包商也不能顺利完成总承包合同。

②为向分包商索赔和对分包商的反索赔做准备。总包与分包之间的利益是不一致的，双方之间常常有尖锐的利益冲突。在合同实施中，双方都在进行合同管理，都在寻求

向对方索赔的机会,所以双方都有索赔和反索赔的任务。

③对专业分包人的工程和工作,总承包商负有协调和管理的责任,并承担由此造成的损失。分包商的工程和工作必须纳入总承包商工程的计划和控制中,防止因分包商的工程管理失误而影响全局。

(3)业主和工程师的工作。业主和工程师是承包商的主要工作伙伴,对他们的工作进行监督和跟踪十分重要。业主和工程师的工作主要包括:

①业主和工程师必须正确、及时地履行合同责任,及时提供各种工程实施条件,如及时发布图纸、提供场地,及时下达指令、作出答复,及时支付工程款等,这常常作为承包商推卸责任的托词,所以要特别重视。在这里合同工程师应寻找合同中以及对方合同执行中的漏洞。

②在工程中承包商应积极主动地做好工作,如提前催要图纸、材料,对工作事先通知。这样不仅可以让业主和工程师及时准备,以建立良好的合作关系,保证工程顺利实施,而且可以推卸自己的责任。

③有问题及时与工程师沟通,多向工程师汇报情况,及时听取他的指示(书面的)。

④及时收集各种工程资料,对各种活动、双方的交流做好记录。

⑤对有恶意的业主提前防范,并及时采取措施。

(4)工程总的实施状况。工程总的实施状况包括:

①工程整体施工秩序情况。如果出现以下情况,合同实施必定存在问题:现场混乱、拥挤不堪,承包商与业主的其他承包商、供应商之间协调困难,合同事件之间和工程小组之间协调困难,出现事先未考虑到的情况和局面,发生较严重的工程事故等。

②已完工程没有通过验收,出现大的工程质量事故,工程试运行不成功或达不到预定的生产能力等。

③施工进度未能达到预定的施工计划,主要的工程活动出现拖期,在工程周报和月报上计划和实际进度出现大的偏差。

④计划和实际的成本曲线出现大的偏离。通过计划成本累积曲线与实际成本累积曲线的对比,可以分析出实际和计划的差异。

通过合同实施情况追踪、收集、整理,能反映工程实施状况的各种工程资料和实际数据,如各种质量报告、各种实际进度报表、各种成本和费用收支报表及其分析报告。将这些信息与工程目标,如合同文件、合同分析的资料、各种计划、设计等进行对比分析,可以发现两者的差异。根据差异的大小确定工程实施偏离目标的程度。

6.3.1.2 施工合同实施情况的偏差分析与处理

通过合同跟踪,可能会发现合同实施中存在着偏差,即工程实施实际情况偏离了工程计划和工程目标,应该及时分析原因,采取措施,纠正偏差,避免损失。

1.施工合同实施情况偏差分析

1)产生偏差的原因分析

通过对合同执行实际情况与实施计划的对比分析,不仅可以发现合同实施的偏差,而且可以探索引起差异的原因。原因分析可以采用鱼刺图、因果关系分析图(表)、成本量差、价差、效率差分析等方法定性或定量地进行。

2)合同实施偏差的责任分析

合同实施偏差的责任分析即分析产生合同偏差的原因是由谁引起的,应该由谁承担责任。责任分析必须以合同为依据,按合同规定落实双方的责任。

3)合同实施趋势分析

针对合同实施偏差情况,可以采取不同的措施,分析在不同措施下合同执行的结果与趋势,包括:

(1)最终的工程状况,包括总工期的延误、总成本的超支、质量标准、所能达到的生产能力(或功能要求)等;

(2)承包商将承担什么样的后果,如被罚款、被清算,甚至被起诉,对承包商资信、企业形象、经营战略的影响等;

(3)最终工程经济效益(利润)水平。

2.合同实施偏差处理

根据合同实施偏差分析的结果,承包商应该采取相应的调整措施,调整措施可以分为:

(1)组织措施,如增加人员投入,调整人员安排,调整工作流程和工作计划等。

(2)技术措施,如变更技术方案,采用新的高效率的施工方案等。

(3)经济措施,如增加投入,采取经济激励措施等。

(4)合同措施,如进行合同变更,签订附加协议,采取索赔手段等。合同措施是承包商的首选措施,该措施主要由承包商的合同管理机构来实施。承包商采取合同措施时通常应考虑以下问题:

①如何保护和充分行使自己的合同权力,例如通过索赔以降低自己的损失。

②如何利用合同使对方的要求降到最低,即如何充分限制对方的合同权力,找出业主的责任。如果通过合同诊断,承包商已经发现业主有恶意、不支付工程款或自己已经陷入到合同陷阱中,或已经发现合同亏损,而且国际亏损会越来越大,则要及早确定合同执行战略。如及早解除合同,降低损失;争取道义索赔,取得部分赔偿;采用以守为攻的办法拖延工程进度,消极怠工。因为在这种情况下,承包商投入资金越多,工程完成的越多,承包商就越被动,损失会越大。

6.3.2 施工合同变更管理

6.3.2.1 施工合同变更和工程变更

施工合同变更指施工合同成立以后,履行完毕以前由双方当事人依法对原合同约定的条款(权利和义务、技术和商务条款等)所进行的修改、变更。

工程变更一般指在工程施工过程中,根据合同约定对施工程序、工程数量、质量要求及标准等作出的变更。工程变更是一种特殊的合同变更。

通常认为工程变更是一种合同变更,但不可忽视工程变更和一般合同变更所存在的差异。一般合同变更需经过协商的过程,该过程发生在履约过程中合同内容变更之前,而工程变更则较为特殊。在合同中双方有这样的约定,业主授予工程师进行工程变更的权力;在施工过程中,工程师直接行使合同赋予的权力发出工程变更指令,工程变更之前事先不需经过承包商的同意，一旦承包商接到工程师的变更指令，承包商无论同意与否，都有义务实施该指令。

6.3.2.2 施工合同变更的原因

合同内容频繁变更是工程合同的特点之一。合同变更一般主要有以下几个方面的原因：

(1)业主新的变更指令，对建筑的新要求。如业主有新的意图，业主修改项目计划、削减项目预算等。

(2)由于设计人员、监理方人员、承包商事先没有很好地理解业主的意图，或设计的错误，导致图纸修改。

(3)工程环境的变化，预定的工程条件不准确，要求实施方案或实施计划变更。

(4)由于产生新技术和知识，有必要改变原设计、原实施方案或实施计划，或由于业主指令及业主责任的原因造成承包商施工方案的改变。

(5)政府部门对工程新的要求，如国家计划变化、环境保护要求、城市规划变动等。

(6)由于合同实施出现问题，必须调整合同目标或修改合同条款。

6.3.2.3 施工合同变更的范围

根据我国现行建设工程施工合同示范文本，属于合同变更范畴的工程变更包括设计变更和工程质量标准等其他实质性内容的变更，其中设计变更包括：

(1)更改工程有关部分的标高、基线、位置和尺寸。

(2)增减合同中约定的工程量。

(3)改变有关工程的施工时间和顺序。

(4)其他有关工程变更需要的附加工作。

6.3.2.4 工程变更的程序

由于工程变更对工程施工过程影响很大，会造成工期的拖延和费用的增加，容易引起双方的争执，所以要十分重视工程变更管理问题。一般工程施工承包合同中都有关于工程变更的具体规定。工程变更一般按照如下程序进行：

(1)提出工程变更根据工程实施的实际情况，以下单位都可以根据需要提出工程变更：①承包商；②业主方；③设计方。

(2)工程变更的批准。承包商提出的工程变更，应该交与工程师审查并批准；由设计方提出的工程变更应该与业主协商或经业主审查并批准；由业主方提出的工程变更，涉及设计修改的应该与设计单位协商，并一般通过工程师发出。工程师发出工程变更的权力，一般会在施工合同中明确约定，通常在发出变更通知前应征得业主批准。

(3)工程变更指令的发出及执行。为了避免耽误工程，工程师和承包人就变更价格和工期补偿达成一致意见之前有必要先行发布变更指示，先执行工程变更工作，然后就变更价格和工期补偿进行协商和确定。工程变更指示的发出有两种形式：书面形式和口头形式。一般情况下，要求用书面形式发布变更指示，如果由于情况紧急而来不及发出书面指示，承包人应该根据合同规定要求工程师书面认可。

根据工程惯例，除非工程师明显超越合同权限，承包人应该无条件地执行工程变更的指示。即使工程变更价款没有确定，或者承包人对工程师答应给予付款的金额不满意，承包人也必须一边进行变更工作,一边根据合同寻求解决办法。

6.3.2.5 工程变更的管理

1. 工程变更条款的合同分析

对工程变更条款的合同分析应特别注意以下三点:

(1)工程变更不能超过合同规定的工程范围,如果超过这个范围,承包商有权不执行或坚持先商定价格后进行变更。

(2)业主和工程师的认可权必须限制。业主常常通过工程师对材料、设计、施工工艺等的认可权而提高其相应的质量标准。如果合同条文规定比较含糊或设计不详细,则容易产生争执。但是,如果这种认可权超过合同明确规定的范围和标准,承包商应争取业主或工程师的书面确认,进而提出工期和费用索赔。

(3)与业主、总(分)包之间的任何书面信件、报告、指令等都应经合同管理人员进行技术和法律方面的审查,这样才能保证任何变更都在控制之中。

2. 促成工程师提前作出工程变更

在实际工作中,变更决策时间过长和变更程序太慢会造成很大损失。通常有两种现象:一是施工停止,承包商等待变更指令或变更会谈决议;二是变更指令不能迅速作出,而现场继续施工,造成更大的返工损失。因此,这就要求变更程序应尽量快捷,同时承包商也应尽早发现可能导致工程变更的种种迹象,促使工程师提前作出工程变更。如果施工中发现图纸错误或其他问题,需进行变更,承包商应首先通知工程师,经工程师同意或通过变更程序再进行变更。否则,承包商可能不仅得不到应有的补偿,还会带来麻烦。

3. 对工程师发出的工程变更应进行识别

在工程实践中,特别在国际工程中,工程变更不能免去承包商的合同责任。对已收到的变更指令,尤其对重大的变更指令或在图纸上作出的修改意见予以核实。对超出工程师权限范围的变更,工程师须出具业主的书面批准文件。对涉及双方责权利关系的重大变更,必须有业主的书面指令、认可或双方签署的变更协议。

4. 迅速、全面落实变更指令

工程变更指令作出后,承包商应迅速、全面、系统地落实变更指令。具体包括:

(1)应全面修改相关的各种文件。如有关图纸、规范、施工计划、采购计划等,使它们能反映最新的变更。

(2)应在相应的工程小组和分包商的工作中落实变更指令,并提出相应的措施,对新出现的问题作解释和提出对策,同时要协调好各方面工作。

(3)合同变更指令应立即在工程实施中贯彻并体现出来。由于合同变更与合同签订不一样,没有一个合理的计划期,变更时间紧,难以详细计划和分析,使责任落实不全面,容易造成计划、安排、协调方面的漏洞,引起混乱,导致损失,而这个损失往往被认为是承包商管理失误造成的,难以得到补偿。因此,承包商应特别注意工程变更的实施。

5. 分析工程变更的影响

工程合同变更是索赔的机会,应在合同规定索赔有效期内完成对它的索赔处理。在工程合同变更过程中就应记录、收集、整理所涉及的各种文件,如图纸、各种计划、技术说明、规范和业主或工程师的变更指令,以作为进一步分析的依据和索赔的证据。

在实际工作中，承包商最好在合同变更前事先就工程价款及工程的谈判达成一致后再进行工程合同变更。在变更执行前应就补偿范围、补偿方法、索赔值的计算方法、补偿款的支付时间等加以明确。但在现实中，工程变更的实施、价格的谈判和业主批准三者之间存在时间上的矛盾，往往是工程师先发出变更指令要求承包商执行，但价格谈判及工期谈判迟迟达不成协议，或业主对承包商的补偿要求不予批准，此时承包商应采取应对措施来保护自身的利益。

6.4 水利工程索赔

索赔通常是指在工程合同履行过程中，合同当事人一方因对方不履行或未能正确履行合同或者由于其他非自身因素而受到经济损失或权利损害，通过合同规定的程序向对方提出经济或时间补偿要求的行为。

在市场经济条件下，工程索赔在建设工程市场中是一种正常的现象。工程索赔是合同当事人保护自身正当权益、弥补工程损失、提高经济效益的重要和有效的手段。索赔管理以其本身花费较小、经济效果明显而受到承包人的高度重视。但在我国，由于工程索赔处于起步阶段，对工程索赔的认识尚不够全面、正确，在建设工程施工中，还存在发包人(业主)忌讳索赔，承包人索赔意识不强，监理工程师不懂如何处理索赔的现象。因此，应当加强对索赔理论和方法的研究，认真对待和搞好建设工程索赔。

6.4.1 索赔的依据和证据

6.4.1.1 索赔的依据

1. 合同文件

合同文件是索赔的最主要依据，包括：①本合同协议书；②中标通知书；③投标书及其附件；④合同专用条款；⑤合同通用条款；⑥标准、规范及有关技术文件；⑦图纸；⑧工程量清单；⑨工程报价单或预算书。

合同履行中，发包人与承包人有关工程的洽商、变更等书面协议或文件应视为合同文件的组成部分。在《建设工程施工合同示范文本》(GF—99—0201)中列举了发包人可以向承包人提出索赔的依据条款，也列举了承包人在哪些条件下可以向发包人提出索赔；《建设工程施工专业分包合同(示范文本)》(GF—99—0201)中列举了承包人与分包人之间索赔的诸多依据条款。

2. 订立合同所依据的法律法规

1)适用法律和法规

建设工程合同文件适用国家的法律和行政法规及需要明示的法律、行政法规，由双方在专用条款中约定。

2)适用标准、规范

双方在专用条款内约定适用国家标准、规范和名称。

3. 工程建设惯例

工程建设惯例是指在长期的工程建筑过程中某些约定俗成的做法。这种惯例有的已经形成了法律,有的虽没有法律依据,但大家均对其表示认可,例如:《建设工程施工合同(示范文本)》(GF—99—0201)中许多约定,并没有法律依据,但在本行业大家都习惯于受这个文本中的规定约束,这就是所谓的工程建设惯例的具体体现。

6.4.1.2 索赔证据

1.索赔证据的含义

索赔证据是当事人用来支持其索赔成立或与索赔有关的证明文件和资料。索赔证据作为索赔文件的组成部分,在很大程度上关系到索赔的成功与否。证据不全、不足或没有证据,索赔是很难获得成功的。

在工程项目实施过程中,会产生大量的工程信息和资料,这些信息和资料是开展索赔的重要证据。因此,在施工过程中应该自始至终做好资料积累工作,建立完善的资料记录和科学管理制度,认真系统地积累和管理合同、质量、进度以及财务收支等方面的资料。

2.可以作为证据使用的材料

(1)书证。是指以其文字或数字记载的内容起证明作用的书面文书和其他载体。如合同文本、财务账册、欠据、收据、往来信函以及确定有关权利的判决书、法律文件等。

(2)物证。是指以其存在、存放的地点外部特征及物质特性来证明案件事实真相的证据。如购销过程中封存的样品,被损坏的机械、设备,有质量问题的产品等。

(3)证人证言。是指知道、了解事实真相的人所提供的证词,或向司法机关所作的陈述。

(4)视听材料。是指能够证明案件真实情况的音像资料,如录音带、录像带等。

(5)被告人供述和有关当事人陈述。包括:犯罪嫌疑人、被告人向司法机关所作的承认犯罪并交待犯罪事实的陈述或否认犯罪或具有从轻、减轻、免除处罚的辩解、申诉,被害人、当事人就案件事实向司法机关所作的陈述。

(6)鉴定结论。是指专业人员就案件有关情况向司法机关提供的专门性的书面鉴定意见。如损伤鉴定、痕迹鉴定、质量责任鉴定等。

(7)勘验、检验笔录。是指司法人员或行政执法人员对与案件有关的现场物品、人身等进行勘察、实验或检查的文字记载。这项证据也具有专门性。

3.常见的工程索赔证据

(1)各种合同文件,包括施工合同协议书及其附件、中标通知书、投标书、标准和技术规范、图纸、工程量清单、工程报价单或者预算书、有关技术资料和要求、施工过程中的补充协议等。

(2)工程各种往来函件、通知、答复等。

(3)各种会谈纪要。

(4)经过发包人或者工程师批准的承包人的施工进度计划、施工方案、施工组织设计和现场实施情况记录。

(5)工程各项会议纪要。

(6)气象报告和资料,如有关温度、风力、雨雪的资料。

(7)施工现场记录,包括有关设计交底、设计变更、施工变更指令,工程材料和机械设备的采购、验收与使用等方面的凭证及材料供应清单、合格证书,工程现场水、电、道路等开通、封闭的记录,停水、停电等各种干扰事件的时间和影响记录等。

(8)工程有关照片和录像等。

(9)施工日记、备忘录等。

(10)发包人或者工程师签认的签证。

(11)发包人或者工程师发布的各种书面指令和确认书,以及承包人的要求、请求、通知书等。

(12)工程中的各种检查验收报告和各种技术鉴定报告。

(13)工地的交接记录(应注明交接日期,场地平整情况,水、电、路情况等),图纸和各种资料交接记录。

(14)建筑材料和设备的采购、订货、运输、进场,使用方面的记录、凭证和报表等。

(15)市场行情资料,包括市场价格、官方的物价指数、工资指数、中央银行的外汇比率等公布材料。

(16)投标前发包人提供的参考资料和现场资料。

(17)工程结算资料、财务报告、财务凭证等。

(18)各种会计核算资料。

(19)国家法律、法令、政策文件。

6.4.2 索赔的起因

索赔可能由以下一个或几个方面的原因引起:

(1)合同对方违约,不履行或未能正常履行合同义务与责任。

(2)合同错误,如合同条文不全、错误、矛盾等,设计图纸、技术规范错误等。

(3)合同变更。

(4)工程环境变化,包括法律、物价和自然条件的变化等。

(5)不可抗力因素,如恶劣气候条件、地震、洪水、战争状态等。

6.4.3 索赔的分类

6.4.3.1 按照索赔有关当事人分类

(1)承包人与发包人之间的索赔。

(2)承包人与分发包人之间的索赔。

(3)承包人或发包人与供货人之间的索赔。

(4)承包人或发包人与保险人之间的索赔。

6.4.3.2 按照索赔目的和要求分类

(1)工期索赔,一般指承包人向业主或者分包人向承包人要求延长工期。

(2)费用索赔,即要求补偿经济损失,调整合同价格。

6.4.4 施工索赔的程序

索赔工作程序是指从索赔事件产生到最终处理全过程所包括的工作内容和工作步骤。由于索赔工作实质上是承包人和业主在分担工程风险方面的重新分配过程,涉及双方的众多经济利益，因而是一项烦琐、细致、耗费精力和时间的过程。因此，合同双方必须严格按照合同规定办事，按合同规定的索赔程序工作，才能获得成功的索赔。

6.4.4.1 索赔意向通知

在工程实施过程中发生索赔事件以后，或者承包人发现索赔机会，首先要提出索赔意向，即在合同规定时间内将索赔意向用书面形式及时通知发包人或者工程师，向对方表明索赔愿望、要求或者声明保留索赔权利，这是索赔工作程序的第一步。

索赔意向通知要简明扼要地说明索赔事由发生的时间、地点、简单事实情况描述和发展动态、索赔依据和理由、索赔事件的不利影响等。

6.4.4.2 索赔资料的准备

在索赔资料准备阶段，主要工作有：

(1)跟踪和调查干扰事件，掌握事件产生的详细经过。

(2)分析干扰事件产生的原因，划清各方责任，确定索赔根据。

(3)损失或损害调查分析与计算，确定工期索赔和费用索赔值。

(4)收集证据，获得充分而有效的各种证据。

(5)起草索赔文件。

6.4.4.3 索赔文件的提交

索赔文件的主要内容包括以下几个方面。

1. 总述部分

概要论述索赔事项发生的日期和过程；承包人为该索赔事项付出的努力和附加开支；承包人的具体索赔要求。

2. 论证部分

论证部分是索赔报告的关键部分，其目的是说明自己有索赔权，是索赔能否成立的关键。

3. 索赔款项(和/或工期)计算部分

如果说索赔报告论证部分的任务是解决索赔权能否成立，则款项计算是为解决能得多少款项。前者定性，后者定量。

4. 证据部分

要注意引用的每个证据的效力或可信程度，对重要的证据资料最好附以文字说明，或附以确认件。

6.4.4.4 索赔文件的审核

对于承包人向发包人的索赔请求，索赔文件首先应该交由工程师审核。工程师根据发包人的委托或授权，对承包人索赔的审核工作主要分为判定索赔事件是否成立和核查承包人的索赔计算是否正确、合理两个方面，并可在授权范围内作出判断：初步确定补偿额度，或者要求补充证据，或者要求修改索赔报告等。对索赔的初步处理意见要提交发包人。

6.4.4.5 发包人审查

对于工程师的初步处理意见，发包人需要进行审查和批准，然后工程师才可以签发有关证书。如果索赔额度超过了工程师权限范围，应由工程师将审查的索赔报告报请发包人审批，并与承包人谈判解决。

6.4.4.6　协商

对于工程师的初步处理意见，发包人和承包人可能都不接受或者其中的一方不接受，三方可就索赔的解决进行协商，达成一致，其中可能包括复杂的谈判过程，经过多次协商才能达成。如果经过努力无法就索赔事宜达成一致意见，则发包人和承包人可根据合同约定选择采用仲裁或者诉讼方式解决。

6.4.4.7　反索赔的基本内容

反索赔的工作内容可以包括两个方面：一是防止对方提出索赔，二是反击或反驳对方的索赔要求。

要成功地防止对方提出索赔，应采取积极防御的策略。首先是自己严格履行合同规定的各项义务，防止自己违约，并通过加强合同管理，使对方找不到索赔的理由和根据，使自己处于不能被索赔的地位。其次，如果在工程实施过程中发生了干扰事件，则应立即着手研究和分析合同依据，收集证据，为提出索赔和反索赔做好两手准备。

如果对方提出了索赔要求或索赔报告，则自己一方应采取各种措施来反击或反驳对方的索赔要求。常用的措施有：

（1）抓对方的失误，直接向对方提出索赔，以对抗或平衡对方的索赔要求，以求在最终解决索赔时互相让步或者互不支付。

（2）针对对方的索赔报告，进行仔细、认真研究和分析，找出理由和证据，证明对方索赔要求或索赔报告不符合实际情况和合同规定，没有合同依据或事实证据，索赔值计算不合理或不准确等问题，反击对方的不合理索赔要求，推卸或减轻自己的责任，使自己不受或少受损失。

6.4.4.8　对索赔报告的反击或反驳要点

（1）索赔要求或报告的时限性。审查对方是否在干扰事件发生后的索赔时限内及时提出索赔要求或报告。

（2）索赔事件的真实性。

（3）干扰事件的原因、责任分析。

如果干扰事件确实存在，则要通过对事件的调查分析，确定原因和责任。如果事件责任属于索赔者自己，则索赔不能成立，如果合同双方都有责任，则应按各自的责任大小分担损失。

（4）索赔理由分析。分析对方的索赔要求是否与合同条款或有关法规一致，所受损失是否属于非对方负责的原因造成。

（5）索赔证据分析。分析对方所提供的证据是否真实、有效、合法，是否能证明索赔要求成立。证据不足、不全、不当、没有法律证明效力或没有证据，索赔不能成立。

（6）索赔值审核。如果经过上述的各种分析、评价，仍不能从根本上否定对方的索赔要求，则必须对索赔报告中的索赔值进行认真细致地审核，审核的重点是索赔值的计算方法是否合情合理，各种取费是否合理适度，有无重复计算，计算结果是否准确等。

6.4.5 索赔计算

6.4.5.1 工期索赔计算

在工程施工中,常常会发生一些未能预见的干扰事件使施工不能顺利进行,造成工期延长,这样,对合同双方都会造成损失。承包人提出工期索赔的目的通常有两个:一是免去自己对已产生的工期延长的合同责任,使自己不支付或尽可能不支付工期延长的罚款;二是进行因工期延长而造成的费用损失的索赔。在工期索赔中,首先要确定索赔事件发生对施工活动的影响及引起的变化,其次分析施工活动变化对总工期的影响。计算工期索赔一般采用分析法,其主要依据合同规定的总工期计划、进度计划,以及双方共同认可的对工期修改文件,调整计划和受干扰后实际工程进度记录,如施工日记、工程进度表等。施工单位应在每个月底以及在干扰事件发生时,分析对比上述资料,以发现工期拖延及拖延原因,提出有说服力的索赔要求。分析法又分为网络图分析法和对比分析法两种。

1. 网络图分析法

网络图分析法是利用进度计划的网络图,分析其关键线路,如果延误的工作为关键工作,则延误的时间为索赔的工期;如果延误的工作为非关键工作,当该工作由于延误超过时差限制而成为关键时,可以索赔延误时间与时差的差值;若该工作延误后仍为非关键工作,则不存在工期索赔问题。

可以看出,网络图分析法要求承包商切实使用网络技术进行进度控制,才能依据网络计划提出工期索赔。按照网络图分析法得出的工期索赔值是科学合理的,容易得到认可。

2. 对比分析法

对比分析法比较简单,适用于索赔事件仅影响单位工程或分部分项工程的工期,需由此而计算对总工期的影响。计算公式为

总工期索赔 =(额外或新增工程量价格/原合同价格)×原合同总工期

6.4.5.2 费用索赔计算

费用索赔都是以补偿实际损失为原则,实际损失包括直接损失和间接损失两个方面。其中要注意的一点是索赔对发包人不具有任何惩罚性质。因此,所有干扰事件引起的损失以及这些损失的计算,都应有详细的具体证明,并在索赔报告中出具这些证据。没有证据,索赔要求不能成立。

1. 索赔费用的组成

1)人工费

人工费包括额外雇用劳务人员、加班工作、工资上涨、人员闲置和劳动生产率降低的工时所花费的费用。

2)材料费

材料费包括由于索赔事项的材料实际用量超过计划用量而增加的材料费,由于客观原因材料价格大幅度上涨的费用,由于非施工单位责任工程延误导致的材料价格上涨和材料超期储存费用。

3)施工机械使用费

施工机械使用费包括由于完成额外工作增加的机械使用费,非施工单位责任的工效

降低增加的机械使用费，由于发包人或工程师原因导致机械停工的窝工费。

4）现场管理费

现场管理费包括工地的临时设施费、通信费、办公费、现场管理人员和服务人员的工资等。

5）公司管理费

公司管理费是承包人的上级主管部门提取的管理费，如公司总部办公楼折旧费，总部职员工资、交通差旅费，通信广告费。

公司管理费无法直接计入具体合同或某项具体工作中，只能按一定比例进行分摊。公司管理费与现场管理费相比，数额较为固定，一般仅在工程延期和工程范围变更时才允许索赔公司管理费。

6）融资成本、利润与机会利润损失

融资成本又称资金成本，即取得和使用资金所付出的代价，其中最主要的是支付资金供应者利息。

利润是完成一定工程量的报酬，因此在工程量的增加时可索赔利润。不同的国家和地区对利润的理解和规定也不同，有的将利润归入公司管理费中，则不能单独索赔利润。

机会利润损失是由于工程延期和合同终止而使承包商失去承揽其他工程的机会而造成的损失。在某些国家和地区，是可以索赔机会利润损失的。

2. 索赔费用的计算原则和计算方法

在确定赔偿金额时，应遵循下述两个原则：所有赔偿金额，都应该是承包人为履行合同所必须支出的费用；按此金额赔偿后，应使承包人恢复到未发生事件前的财务状况。即承包人不致因索赔事件而遭受任何损失，但也不得因索赔事件而获得额外收益。

根据上述原则可以看出，索赔金额是用于赔偿承包人因索赔事件而受到的实际损失（包括支出的额外成本的失掉的可得利润）。所以，索赔金额计算的基础是成本，用索赔事件影响所发生的成本减去事件影响时所应有的成本，其差值即为赔偿金额。

索赔金额的计算方法很多，各个工程项目都可能因具体情况不同而采用不同的方法，主要有三种。

1）总费用法

总费用法又称总成本法，就是计算出索赔工程的总费用，减去原合同报价时的成本费用，即得索赔金额。这种计算方法简单但不尽合理，因为实际完成工程的总费用中，可能包括由于施工单位的原因（如管理不善，材料浪费，效率太低等）所增加的费用，而这些费用是不该索赔的；另外，原合同价也可能因工程变更或单价合同中的工程量变化等原因而不能代表真正的工程成本。凡此种种原因，使得采用此法往往会引起争议，遇到障碍。但是在某些特定条件下，当需要具体计算索赔金额很困难，甚至不可能时，也有采用此法的，这种情况下应具体核实已开支的实际费用，取消其不合理部分，以求接近实际情况。

2）修正总费用法

修正总费用法是指对难以用实际总费用进行审核的，可以考虑是否能计算出与索赔事件有关的单项工程的实际总费用和该单项工程的投标报价。若可行，可按其单项工程的实际费用与报价的差值来计算其索赔的金额。

3)实际费用法

实际费用法即根据索赔事件所造成的损失或成本增加,按费用项目逐项进行分析、计算索赔金额的方法。这种方法比较复杂,但能客观地反映施工单位的实际损失,比较合理,易于被当事人接受,在国际工程中被广泛采用。实际费用法是按每个索赔事件所引起损失的费用项目分别分析计算索赔值的一种方法,通常分三步:第一步分析每个或每类索赔事件所影响的费用项目,不得有遗漏,这些费用项目通常应与合同报价中的费用项目一致;第二步计算每个费用项目受索赔事件影响的数值,通过与合同价中的费用价值进行比较即可得到该项费用的索赔值;第三步将各费用项目的索赔值汇总,得到总费用索赔值。

6.5 水利工程风险管理

6.5.1 风险和风险量

6.5.1.1 风险

1.风险的内涵

风险指的是损失的不确定性。国家标准《职业健康安全管理体系规范》(GB/T 28001—2001)将风险定义为:"某一特定危险情况发生的可能性和后果的组合"。而一般定义风险为:风险就是与出现损失有关的不确定性,也就是在给定情况下和特定时间内,可能发生的结果之间的差异(或实际结果与预期结果之间的差异)。对建设工程项目管理而言,风险是指可能出现的影响项目目标实现的不确定因素。

2.风险的特点

(1)风险存在的客观性。在工程项目建设中,无论是自然界的风暴、地震、滑坡灾害,还是与人们活动紧密相关的施工技术、施工方案不当造成的风险损失,都是不以人们意志为转移的客观现实。它们的存在与发生,就总体而言是一种必然现象。因自然界的物体运动以及人类社会的运动规律都是客观存在的,表明施工风险的发生也是客观必然的。

(2)风险发生的偶然性:虽然风险是客观存在的,但就某一具体风险而言,它的发生是偶然的,是一种随机现象。风险也可认为是经济损失的不确定性。风险事故的随机性主要表现为:风险事故是否发生不确定、何时发生不确定、发生的后果不确定。

(3)大量风险发生的必然性:个别风险事故的发生是偶然的,而对大量风险事故的观察会发现,其往往呈现出明显的规律性。运用统计学方法去处理大量相互独立的偶发风险事故,其结果可以比较准确地反映出风险的规律性。根据以往大量资料,利用概率论和数理统计的方法可测算出风险事故发生的概率及其损失幅度,并可构造出损失分布的模型,成为风险估测的基础。

(4)风险的多样性。即在一个工程项目施工中有许多种类的风险存在,如政治风险、经济风险、法律风险、自然风险、合同风险、合作者风险等。这些风险之间有复杂的内在联系。

(5)风险的可变性。风险在一定条件下是可以转化的。这种转化包括:①风险量的变化。随着人们对风险认识的增强和风险管理方法的完善,某些风险在一定程度上得以控制,降低其发生频率和损失程度。②某些风险在一定空间和时间范围内被消除。③新的风险产生。

3. 风险具备的要素

风险的组成要素包括风险因素、风险事故和损失。风险是由风险因素、风险事故和损失三者构成的统一体,它们之间存在着一种因果关系,简单表述如图 6-1 所示。

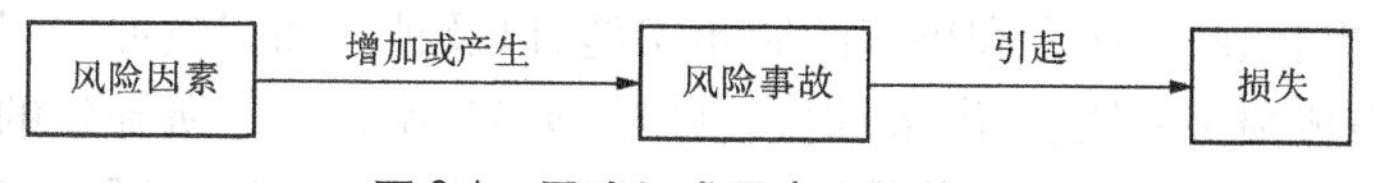

图 6-1 风险组成要素之间关系

6.5.1.2 风险量

1. 风险量的内涵

风险量指的是不确定的损失程度和损失发生的概率。若某个可能发生的事件其可能的损失程度和发生的概率都很大,则其风险量就很大。

2. 风险等级

风险等级评估如表 6-1 所示。

表 6-1 风险等级评估

可能性	风险等级		
	轻度损失	中度损失	重大损失
很大	3	4	5
中等	2	3	4
极小	1	2	3

6.5.2 风险类型和风险分配

6.5.2.1 风险类型

1. 技术、性能、质量风险

项目采用的技术与工具是项目风险的重要来源之一。一般来说,项目中采用新技术或技术创新无疑是提高项目绩效的重要手段,但这样也会带来一些问题,许多新的技术未经证实或并未被充分掌握,则会影响项目的成功。还有,当人们出于竞争的需要,就会提高项目产品性能、质量方面的要求,而不切实际的要求也是项目风险的来源。

2. 项目管理风险

施工管理风险包括施工过程管理的方方面面,如:施工计划的时间、资源分配(包括人员、设备、材料)、施工质量管理、施工管理技术(流程、规范、工具等)的采用以及外包商的管理等。

3. 组织风险

组织风险中的一个重要的风险就是项目决策时所确定的项目范围、时间与费用之间的矛盾。项目范围、时间与费用是项目的三个要素,它们之间相互制约。不合理的匹配必然导致项目执行的困难,从而产生风险。项目资源不足或资源冲突方面的风险同样不容忽视,如人员到岗时间、人员知识与技能不足等。组织中的文化氛围同样会导致一些风险的产生,如团队合作和人员激励不当导致人员离职等。

4. 项目外部风险

项目外部风险主要是指项目的政治、经济、环境的变化,包括与项目相关的规章或标准的变化,组织中雇佣关系的变化,自然现象或物理现象所导致的风险,如公司并购;政局的变化、政权的更替、政府法令和决定的颁布实施,以及种族和宗教冲突、叛乱、战争等引起社会动荡而造成损害的风险;洪水、地震、风暴、火灾、泥石流等所导致的人身伤亡或财产损失的风险;市场预期失误、经营管理不善、消费需求变化、通货膨胀、汇率变动等所导致的经济损失的风险等。

5. 法律风险

法律风险是指由于颁布新的法律和对原有法律进行修改等而导致经济损失的风险。

6.5.2.2 风险分配

风险分配是指在合同条款中写明,各种风险由合同哪一方承担,承担什么责任。

根据风险管理理论,风险分配应遵循以下几个原则:

(1)风险分配应有利于降低工程造价和顺利履行合同。

(2)合同双方中,谁能更有效地防止和控制某种风险或减少该风险引起的损失,就由谁承担该风险。

(3)风险分配应能有助于调动承担方的积极性,认真做好风险管理工作,从而降低成本,节约投资。

从上述原则出发,施工承包合同中的风险分配通常是双方各自承担自己责任范围的风险,对于双方均无法控制的自然和社会因素引起的风险则由业主承担,因为承包商很难将这些风险事先估入合同价格中,若由承包商承担这些风险,则势必增加其投标报价,当风险不发生时,反而增加工程造价,风险估计不足时,则又会造成承包商亏损,而招致工程不能顺利进行。

1. 业主的风险

(1)不可抗力的社会因素或自然因素造成的损失和损坏,前者如战争、暴乱、罢工等;后者如洪水、地震、飓风等。但工程所在国外的战争、承包商自身工人的动乱以及承包商延误履行合同后发生的情况等均除外。

(2)不可预见的施工现场条件的变化,指施工过程中出现了招标文件中未提及的不利的现场条件,或招标文件中虽提及,但与实际出现的情况差别很大,且这些情况在招标投标时又是很难预见到而造成的损失或损坏。在实际工程中,这类问题最多是出现在地下的情况,如开挖现场出现的岩石,其高程与招标文件所述的高程差别很大;实际遇到的地下水在水量、水质、位置等方面均与招标文件提供的数据相差很大;设计指定的料场,取土石料不能满足强度或其他技术指标的要求;开挖现场发现了古代建筑遗迹、文物或化石;开挖中遇到有毒气体等。

(3)工程量变化,是指对单价合同而言,合同价是按工程量清单上的估计工程量计算的,而支付价是按施工实际的支付工程量计算的,由于两种工程量不一致而引起合同价格变化的风险。若采用总价合同,则此项风险由承包商承担。另一种情况是当某项作业的工程量变化甚大，而导致施工方案变化引起的合同价格变化。

（4）设计文件有缺陷而造成的损失或成本增加，由承包商负责的设计除外。

（5）国家或地方的法规变化导致的损失或成本增加，承包商延误履行合同后发生的除外。

2. 承包商的风险

（1）投标文件的缺陷，指由于对招标文件的错误理解，或者勘察现场时的疏忽，或者投标中的漏项等造成投标文件有缺陷而引起的损失或成本增加。

（2）对业主提供的水文、气象、地质等原始资料分析、运用不当而造成的损失和损坏。

（3）由于施工措施失误、技术不当、管理不善、控制不严等造成施工中的一切损失和损坏。

（4）分包商工作失误造成的损失和损坏。

6.5.3 风险管理的任务

6.5.3.1 风险管理的定义

风险管理是指人们对建设工程施工过程中潜在的意外损失，通过风险识别、风险估测、风险评价，对风险实施有效的控制和妥善处理风险所致损失，期望达到以最小的成本获得最大安全保障的管理活动。

6.5.3.2 风险管理目标

风险管理目标由两部分组成：损失发生前的风险管理目标和损失发生后的风险管理目标，前者的目标是避免和减少风险事故形成的机会，包括节约经营成本、减少忧虑心理；后者的目标是努力使损失的标的恢复到损失前的状态，包括维持企业的继续生存、生产服务的持续、稳定的收入、生产的持续增长和社会责任。二者有效结合，构成完整而系统的风险管理目标。

6.5.3.3 风险管理的主要任务

1. 风险识别

风险识别是风险管理的基础，它是指风险管理人员在收集资料和调查研究之后，运用各种方法对尚未发生的潜在风险以及客观存在的各种风险进行系统归类和全面识别。

识别风险主要包括感知风险和分析风险两方面内容：一是依靠感性认识，经验判断；二是可利用财务分析法、流程分析法、实地调查法等进行分析和归类整理，从而发现各种风险的损害情况以及具有规律性的损害风险。在此基础上，鉴定风险的性质，从而为风险衡量做准备。

2. 风险分析

风险分析的目的是确定每个风险对项目的影响大小，一般是对已经识别出来的项目风险进行量化估计，这里要注意三个概念。

1）风险影响

风险影响是指一旦风险发生可能对项目造成的影响大小。如果损失的大小不容易直接估计，可以将损失分解为更小部分再评估它们。风险影响可用相对数值表示。

2) 风险概率

风险概率用风险发生可能性的百分比表示，是一种主观判断。

3) 风险值

风险值是评估风险的重要参数。

$$风险值 = 风险概率 \times 风险影响$$

3. 风险应对

完成了风险分析后，就已经确定了项目中存在的风险以及它们发生的可能性和对项目的风险冲击，并可排出风险的优先级。此后就可以根据风险性质和项目对风险的承受能力制订相应的防范计划，即风险应对。

制定风险应对策略主要考虑以下四个方面的因素：可规避性、可转移性、可缓解性、可接受性。确定风险的应对策略后，就可编制风险应对计划，它主要包括已识别的风险及其描述、风险发生的概率、风险应对的责任人、风险对应策略及行动计划、应急计划等。

4. 风险监控

制订了风险防范计划后，风险并非不存在，在项目推进过程中还可能会增大或者衰退。因此，在项目执行过程中，需要时刻监督风险的发展与变化情况，并确定随着某些风险的消失而带来的新的风险。

风险监控包括两个层面的工作：其一是跟踪已识别风险的发展变化情况，包括在整个项目周期内，风险产生的条件和导致的后果变化，衡量风险减缓计划需求。其二是根据风险的变化情况及时调整风险应对计划，并对已发生的风险及其产生的遗留风险和新增风险及时识别、分析，并采取适当的应对措施。对于已发生过和已解决的风险也应及时从风险监控列表调整出去。

第7章　水利工程项目信息管理

7.1　信息管理的概念和流程

7.1.1　信息管理有关基本概念

7.1.1.1　数据

数据是客观实体属性的反映，是一组表示数量、行为和目标，可以记录下来加以鉴别的符号。

数据，首先是客观实体属性的反映，客观实体通过各个角度的属性的描述，反映它与其他实体的区别。例如，在反映某个建筑工程质量时，我们通过对设计、施工单位资质人员、施工设备、使用的材料、构配件、施工方法、工程地质、天气、水文等各个角度的数据搜集汇总起来，就很好地反映了该工程的总体质量。这里，各个角度的数据即是建筑工程这个实体的各种属性的反映。

数据有多种形态，我们这里所提到的数据是广义的数据概念，包括文字、数值、语言、图表、图形、颜色等多种形态。今天我们的计算机对此类数据都可以加以处理，例如：施工图纸、管理人员发出的指令、施工进度的网络图、管理的直方图、月报表等都是数据。

7.1.1.2　信息

信息和数据是不可分割的。信息来源于数据，又高于数据，信息是数据的灵魂，数据是信息的载体。对信息有不同的定义，从辩证唯物主义的角度出发，我们可以给信息如下的定义：

信息是对数据的解释，反映了事物（事件）的客观规律，为使用者提供决策和管理所需要的依据。

我们使用信息的目的是为决策和管理服务。信息是决策和管理的基础，决策和管理依赖信息，正确的信息才能保证决策的正确，不正确的信息则会造成决策的失误，管理则更离不开信息。传统的管理是定性分析，现代的管理则是定量管理，定量管理离不开系统信息的支持。

1.信息的时态

信息有三个时态：信息的过去时是知识，现代时是数据，将来时是情报。

（1）知识是前人经验的总结，是人类对自然界规律的认识和掌握，是一种系统化的信息。

（2）信息的现在时是数据。数据是人类生产实践中不断产生信息的载体，我们要用动态的眼光来看待数据，把握住数据的动态节奏，就掌握了信息的变化。

(3)信息的将来时是情报。情报代表信息的趋势和前沿,情报往往要用特定的手段获取,有特定的使用范围、特定的目的、特定的时间、特定的传递方式,带有特定的机密性。

2. 信息的特点

信息具有的特点:真实性、系统性、时效性、不完全性、层次性。

7.1.1.3 信息管理

所谓信息管理是指信息的收集、整理、处理、存储、传递与应用等一系列工作的总称。信息管理工作一般包括以下工作。

1. 建立信息的编码系统

编码是指设计代码,而代码指的是代表事物名称、属性和状态的符号与数字。使用代码既可以为事物提供一个精炼而不含混的记号,又可以提高数据处理的效率。

2. 明确信息流程

信息流程反映了工程项目建设中各参加部门、各单位间的关系。为了保证工程施工顺利进行,必须使施工信息在工程项目管理的各级各部门之间、内部组织与外部环境之间流动,称为"信息流"。在工程施工中一般有以下三种信息流:

(1)项目经理部各级之间的纵向信息流。主要是指从项目经理、项目总工、职能部门等各上下级之间的信息流。

(2)项目经理部各级之间的横向信息流。主要是指项目经理部各职能部门之间的信息流。

(3)项目经理部内部组织与建设工程各参建单位之间的信息流。主要是指从建设单位、设计单位、项目监理机构、各设备材料供应商之间的信息流。

三种信息流都应有明晰的流线,并保证畅通。

3. 监理信息的收集

信息管理工作的质量好坏,很大程度上取决于原始资料的全面性和可靠性。因此,建立一套完善的信息采集制度是极其必要的。信息的收集工作必须把握信息来源,做到收集及时、准确。

4. 施工信息的处理

信息处理一般包括收集、加工、传输、存储、检索、输出六项内容。

(1)收集:是指对原始信息的收集,是很重要的基础工作。

(2)加工:是信息处理的基本内容,其目的是通过加工为监理工程师提供有用的信息。

(3)传输:是指信息借助于一定的载体在监理工作的各参加部门、各单位之间的传输。通过传输,形成各种信息流,畅通的信息流是监理工作顺利进行的重要保证。

(4)存储:是指对处理后的信息的分类保存。

(5)检索:监理工作中存储了大量的信息,为了查找方便,就需要拟定一套科学的、迅速查找的方法和手段,这就称为信息的检索。

(6)输出:是指将信息按照需要编印成各类报表和文件,以供监理人员在监理工作中使用。

7.1.2 水利工程项目管理中的信息

7.1.2.1 信息的形式

由于信息管理工作涉及多部门、多环节、多专业、多渠道，工程信息量大，来源广泛，形式多样，主要信息形态有下列形式：文字图形信息、语言信息、新技术信息。

7.1.2.2 信息的分类原则和方法

信息分类是指在一个信息管理系统中，将各种信息按一定的原则和方法进行区分和归类，并建立起一定的分类系统和排列顺序，以便管理和使用信息。

1. 信息分类的原则

对项目的信息进行分类必须遵循以下基本原则：稳定性、兼容性、可扩展性、逻辑性、综合实用性。

2. 项目信息分类基本方法

根据国际上的发展和研究，工程项目信息分类有两种基本方法：

（1）线分类法又名层级分类法或树状结构分类法。它是将分类对象按所选定的若干属性或特征（作为分类的划分基础）逐次地分成相应的若干个层级目录，并排列成一个有层次的、逐级展开的树状信息分类体系。

（2）面分类法是将所选定的分类对象的若干个属性或特征视为若干个“面”，每个“面”中又可以分成许多彼此独立的若干个类目。

7.1.2.3 项目信息的分类

水利工程项目监理过程中，涉及大量的信息，这些信息依据不同标准可划分如下。

1. 按照工程的目标划分

（1）投资控制信息是指与投资控制直接有关的信息。

（2）质量控制信息指与建设工程项目质量有关的信息。

（3）进度控制信息指与进度相关的信息。

（4）合同管理信息指与建设工程相关的各种合同信息。

2. 按照工程项目信息的来源划分

（1）项目内部信息：指建设工程项目各个阶段、各个环节、各有关单位发生的信息总体。

（2）项目外部信息：来自项目外部环境的信息称为外部信息。

3. 按照信息的稳定程度划分

（1）固定信息：是指在一定时间内相对稳定不变的信息。

（2）流动信息：是指在不断变化的动态信息。

4. 按照信息的层次划分

（1）战略性信息：指该项目建设过程中的战略决策所需的信息、投资总额、建设总工期、承包商的选定、合同价的确定等信息。

（2）管理型信息：指项目年度进度计划、财务计划等。

（3）业务性信息：指的是各业务部门的日常信息，较具体，精度较高。

5. 按照信息的性质划分

将建设项目信息按项目管理功能划分为组织类信息、管理类信息、经济类信息和技术类信息四大类。

6. 按其他标准划分

(1)按照信息范围的不同,可以分为精细的信息和摘要的信息两类。

(2)按照信息时间的不同,可以分为历史性信息、即时信息和预测性信息三大类。

(3)按照监理阶段的不同,可以分为计划的、作业的、核算的报告的信息。

(4)按照对信息的期待性不同,可以分为预知的信息和突发的信息两类。

7.1.3 信息管理的流程

水利工程的参建各方对数据和信息的收集是不同的,有不同的来源、不同的角度,不同的处理方法,但要求各方相同的数据和信息应该规范。

水利工程参建各方在不同的时期对数据和信息收集也是不同的,侧重点有不同,但也要规范信息行为。

从监理的角度,建设工程的信息收集由介入阶段不同,决定收集不同的内容。监理单位介入的阶段有:项目决策阶段、项目设计阶段、项目施工招标投标阶段、项目施工阶段等多个阶段。各不同阶段,与建设单位签订的监理合同内容也不尽相同,因此收集信息要根据具体情况决定。

7.1.3.1 项目决策阶段的信息收集

在项目决策阶段,信息收集从以下几方面进行:

(1)项目相关市场方面的信息。如产品预计进入市场后的市场占有率、社会需求量、预计产品价格变化趋势、影响市场渗透的因素、产品的生命周期等。

(2)项目资源相关方面的信息。如资金筹措渠道、方式,原辅料、矿藏来源,劳力,水、电、气供应等。

(3)自然环境相关方面的信息。如城市交通、运输、气象、地质、水文、地形地貌、废料处理可能性等。

(4)新技术、新设备、新工艺、新材料,专业配套能力方面的信息。

(5)政治环境,社会治安状况,当地法律、政策、教育的信息。

7.1.3.2 设计阶段的信息收集

监理单位在设计阶段的信息收集要从以下几处进行:

(1)可行性研究报告,前期相关文件资料,存在的疑点和建设单位的意图,建设单位前期准备和项目审批完成的情况。

(2)同类工程相关信息:建筑规模,结构形式,造价构成,工艺、设备的选型,地质处理方式及实际效果,建设工期,采用新材料、新工艺、新设备、新技术的实际效果及存在问题,技术经济指标。

(3)拟建工程所在地相关信息:地质、水文情况,地形地貌、地下埋设和人防设施情况;城市拆迁政策和拆迁户数,青苗补偿,周围环境(水电气、道路等的接入点,周围建设、交通、学校、医院、商业、绿化、消防、排污)。

(4)勘察、测量、设计单位相关信息:同类工程完成情况,实际效果,完成该工程的能力,人员构成,设备投入,质量管理体系完善情况,创新能力,收费情况,施工期技术服务主动性和处理发生问题的能力,设计深度和技术文件质量,专业配套能力,设计概算和施工图预算编制能力,合同履约情况,采用设计新技术、新设备能力等。

(5)工程所在地政府相关信息:国家和地方政策、法律、法规、规范规程、环保政策、政府服务情况和限制等。

(6)设计中的设计进度计划,设计质量保证体系,设计合同执行情况,偏差产生的原因,纠偏措施,专业间设计交接情况,执行规范、规程、技术标准,特别是强制性规范执行的情况,设计概算和施工图预算结果,了解超限额的原因,了解各设计工序对投资的控制等。

7.1.3.3 施工招标投标阶段的信息收集

施工招标投标阶段信息收集从以下几方面进行:

(1)工程地质、水文地质勘察报告,施工图设计及施工图预算、设计概算,设计、地质勘察、测绘的审批报告等方面的信息,特别是该建设工程有别于其他同类工程的技术要求、材料、设备、工艺、质量要求等有关信息。

(2)建设单位建设前期报审文件:立项文件,建设用地、征地、拆迁文件。

(3)工程造价的市场变化规律及所在地区的材料、构件、设备、劳动力差异。

(4)当地施工单位管理水平,质量保证体系、施工质量、设备、机具能力。

(5)本工程适用的规范、规程、标准,特别是强制性规范。

(6)所在地关于招标投标有关法规、规定,国际招标、国际贷款指定适用的范本,本工程适用的建筑施工合同范本及特殊条款精髓所在。

(7)所在地招标投标代理机构能力、特点,所在地招标投标管理机构及管理程序。

(8)该建设工程采用的新技术、新设备、新材料、新工艺,投标单位对“四新”的处理能力和了解程度、经验、措施。

7.1.3.4 施工阶段的信息收集

施工阶段的信息收集,可从建设前期、施工期、竣工保修期三个子阶段分别进行。

1.建设项目建设前期的信息收集

建设项目在正式开工之前,需要进行大量的工作,这些工作将产生大量的文件,文件中包含着以下丰富的内容:

(1)收集设计任务书及有关资料。

(2)设计文件及有关资料的收集。

(3)招标投标合同文件及其有关资料的收集。

2.建设项目施工期的信息收集

建设项目在整个工程施工阶段,每天都发生各种各样的情况,相应地包含着各种信息,需要及时收集和处理。因此,项目的施工阶段,可以说是大量的信息发生、传递和处理的阶段。

(1)建设单位提供的信息。

(2)承建商提供的信息。

(3)工程监理的记录。

(4)工地会议信息。

施工实施期收集的信息应该分类并由专门的部门或专人分级管理，可从下列方面收集信息：

(1)施工单位人员、设备、水、电、气等能源的动态信息。

(2)施工期气象的中长期趋势及同期历史数据，每天不同时段动态信息，特别在气候对施工质量影响较大的情况下，更要加强收集气象数据。

(3)建筑原材料、半成品、成品、构配件等工程物资的进场、加工、保管、使用等信息。

(4)项目经理部管理程序，质量、进度、投资的事前、事中、事后控制措施，数据采集来源及采集、处理、存储、传递方式，工序间交接制度，事故处理制度，施工组织设计及技术方案执行的情况，工地文明施工及安全措施等。

(5)施工中需要执行的国家和地方规范、规程、标准，施工合同执行情况。

(6)施工中发生的工程数据，如地基验槽及处理记录，工序间交接记录，隐蔽工程检查记录等。

(7)建筑材料必试项目有关信息：如水泥、砖、砂石、钢筋、外加剂、混凝土、防水材料、回填土、饰面板、玻璃幕墙等。

(8)设备安装的试运行和测试项目有关信息：如电气接地电阻、绝缘电阻测试，管道通水通气、通风试验，电梯施工试验，消防报警、自动喷淋系统联动试验等。

(9)施工索赔相关信息：索赔程序、索赔依据、索赔证据、索赔处理意见等。

3.竣工保修期的信息收集

该阶段要收集的信息有：

(1)工程准备阶段文件，如立项文件，建设用地、征地、拆迁文件，开工审批文件等。

(2)监理文件，如监理规划、监理实施细则、有关质量问题和质量事故的相关记录、监理工作总结以及监理过程中各种控制和审批文件等。

(3)施工资料，分为建筑安装工程和市政基础设施工程两大类分别收集。

(4)竣工图，分为建筑安装工程和市政基础设施工程两大类分别收集。

(5)竣工验收资料，如工程竣工总结、竣工验收备案表、电子档案等。

7.2 档案资料管理

水利工程档案是指水利工程在前期、实施、竣工验收等各建设阶段过程中形成的，具有保存价值的文字、图表、声像等不同形式的历史记录。

水利工程档案工作是水利工程建设与管理工作的重要组成部分。有关单位应加强领导，将档案工作纳入水利工程建设与管理工作中，明确相关部门、人员的岗位职责，健全制度，统筹安排档案工作经费，确保水利工程档案工作的正常开展。

水利工程档案工作应贯穿于水利工程建设程序的各个阶段，即从水利工程建设前期就应进行文件材料的收集和整理工作；在签订有关合同、协议时，应对水利工程档案的收集、整理、移交提出明确要求；检查水利工程进度与施工质量时，要检查水利工程档案的收集、整理情况；在进行项目成果评审、鉴定和水利工程重要阶段验收与竣工验收时，要审查、验收工程档案的内容与质量,并作出相应的鉴定评语。

项目法人对水利工程档案工作负总责,须认真做好档案的收集、整理、保管工作,并应加强对各参建单位归档工作的监督、检查和指导。大中型水利工程的项目法人,应设立档案室,落实专职档案人员;其他水利工程的项目法人也应配备相应人员负责工程档案工作。项目法人的档案人员对各职能处室归档工作具有监督、检查和指导职责。

项目法人应按照国家信息化建设的有关要求,充分利用新技术开展水利工程档案数字化工作,建立工程档案数据库,大力开发档案信息资源,提高档案管理水平,为工程建设与管理服务。

勘察设计、监理、施工等参建单位,应明确本单位相关部门和人员的归档责任,切实做好职责范围内水利工程档案的收集、整理、归档和保管工作;属于向项目法人等单位移交的应归档文件材料,在完成收集、整理、审核工作后,应及时提交项目法人。项目法人应认真做好有关档案的接收、归档和向流域机构档案馆的移交工作。

7.2.1 归档与移交

水利工程档案的保管期限分为永久、长期、短期三种。长期档案的实际保存期限,不得短于工程的实际寿命。

水利工程档案的归档工作,一般是由产生文件材料的单位或部门负责。总包单位对各分包单位提交的归档材料负有汇总责任。各参建单位技术负责人应对其提供档案的内容及质量负责;监理工程师对施工单位提交的归档材料应履行审核签字手续,监理单位应向项目法人提交对工程档案内容与整编质量情况的专题审核报告。

水利工程文件材料的收集、整理应符合《科学技术档案案卷构成的一般要求》(GB/T 1182—2008)。归档文件材料的内容与形式均应满足档案整理规范要求。即内容应完整、准确、系统;形式应字迹清楚、图样清晰、图表整洁、竣工图及声像材料须标注的内容清楚、签字(章)手续完备,归档图纸应按《技术制图 复制图的折叠方法》(GB/T 10609.3—2009)要求统一折叠。

竣工图是水利工程档案的重要组成部分,必须做到完整、准确、清晰、系统、修改规范、签字手续完备。项目法人应负责编制项目总平面图和综合管线竣工图。施工单位应以单位工程或专业为单位编制竣工图。竣工图须由编制单位在图标上方空白处逐张加盖"竣工图章",有关单位和责任人应严格履行签字手续。每套竣工图应附编制说明、鉴定意见及目录。施工单位应按以下要求编制竣工图:

(1)按施工图施工没有变动的,须在施工图上加盖并签署竣工图章。

(2)一般性的图纸变更及符合杠改或画改要求的,可在原施工图上更改,在说明栏内注明变更依据,加盖并签署竣工图章。

(3)凡涉及结构形式、工艺、平面布置等重大改变,或图面变更超过1/3的,应重新绘制竣工图(可不再加盖竣工图章)。重绘图应按原图编号,并在说明栏内注明变更依据,在图标栏内注明"竣工阶段"和绘制竣工图的时间、单位、责任人。监理单位应在图标上方加盖并签署"竣工图确认章"。

项目法人可根据实际需要,确定不同文件材料的归档份数,但应满足以下要求:

(1)项目法人与运行管理单位应各保存1套较完整的工程档案材料(当二者为一个单位时,应异地保存1套)。

(2)工程涉及多家运行管理单位时,各运行管理单位则只保存与其管理范围有关的工程档案材料。

(3)当有关文件材料需由若干单位保存时,原件应由项目产权单位保存,其他单位保存复制件。

(4)流域控制性水利枢纽工程或大江、大河、大湖的重要堤防工程,项目法人应负责向流域机构档案馆移交1套完整的工程竣工图及工程竣工验收等相关文件材料。

工程档案的归档时间,可由项目法人根据实际情况确定。可分阶段在单位工程或单项工程完工后向项目法人归档,也可在主体工程全部完工后向项目法人归档。整个项目的归档工作和项目法人向有关单位的档案移交工作,应在工程竣工验收后三个月内完成。

7.2.2 档案验收

水利工程档案验收是水利工程竣工验收的重要内容,应提前或与工程竣工验收同步进行。凡档案内容与质量达不到要求的水利工程,不得通过档案验收;未通过档案验收或档案验收不合格的,不得进行或通过工程的竣工验收。

档案专项验收工作的步骤、方法与内容如下:

(1)听取项目法人有关工程建设情况和档案收集、整理、归档、移交、管理与保管情况的自检报告。

(2)听取监理单位对项目档案整理情况的审核报告。

(3)对验收前已进行档案检查评定的水利工程,还应听取被委托单位的检查评定意见。

(4)查看现场(了解工程建设实际情况)。

(5)根据水利工程建设规模,抽查各单位档案整理情况。抽查比例一般不得少于项目法人应保存档案数量的8%,其中竣工图不得少于一套竣工图总张数的10%;抽查档案总量应在200卷以上。

(6)验收组成员进行综合评议。

(7)形成档案专项验收意见,并向项目法人和所有会议代表反馈。

(8)验收主持单位以文件形式正式印发档案专项验收意见。

档案专项验收意见应包括以下内容:

(1)工程概况。

(2)工程档案管理情况:

①工程档案工作管理体制与管理状况;

②文件材料的收集、整理、立卷质量与数量;

③竣工图的编制质量与整编情况;

④工程档案的完整、准确、系统性评价。

(3)存在问题及整改要求。

(4)验收结论。

(5)验收组成员签字表。

参考文献

[1] 彭立前.水利工程建设项目管理[M].北京:中国水利水电出版社,2009.

[2] 张基尧.水利水电工程项目管理理论与实践[M].北京:中国水利水电出版社,2008.

[3] 刘学海.水利施工项目管理体系及效应[J].水力发电,2001(5).

[4] 卜振华.项目管理模式与组织[M].北京:中国建筑工业出版社,2002.

[5] 成虎.工程项目管理[M].北京:中国建筑工业出版社,1998.

[6] 李开运.建设项目合同管理[M].北京:中国水利水电出版社,2001.

[7] 中国水利工程协会组织.水利工程建设监理概论[M].北京:中国水利水电出版社,2007.

[8] 中华人民共和国水利部.SL 288—2003 水利工程建设项目施工监理规范[S].北京:中国水利水电出版社,2003.

[9] 水利部水利工程建设稽察办公室.水利工程建设管理法规汇编[M].北京:中国计划出版社,2005.

[10] 中国水利工程协会.水利工程建设合同管理[M].北京:中国水利水电出版社,2007.